中等职业教育课程改革国家规划新教材配套教学用书

计算机应用基础教学参考书

（Windows XP+Office 2007）

主　编　潘　澔　王路群

副主编　陈高祥　曹　静　肖　奎

電子工業出版社

Publishing House of Electronics Industry

北京·BEIJING

内 容 简 介

本书根据教育部制定的《中等职业学校计算机应用基础教学大纲》（2009 年版）的要求编写而成。本书使教师在实际授课过程中能够准确把握基于工作过程的教学理念，并帮助教师完成基于工作过程的教学设计。

本书为国家规划的中等职业学校计算机应用基础课程的基础模块与职业模块的配套教学参考书，也可作为计算机应用基础等相关课程教学方案设计的参考书。

图书在版编目（CIP）数据

计算机应用基础教学参考书：Windows XP+Office 2007 / 潘澔，王路群主编. —北京：电子工业出版社，2011.1

中等职业教育课程改革国家规划新教材配套教学用书

ISBN 978-7-121-12139-5

Ⅰ. ①计… Ⅱ. ①潘… ②王… Ⅲ. ①窗口软件，Windows XP—专业学校—教学参考资料②办公室—自动化—应用软件，Office 2007—专业学校—教学参考资料 Ⅳ. ①TP316.7②TP317.1

中国版本图书馆 CIP 数据核字（2010）第 211278 号

策划编辑：施玉新
责任编辑：徐　磊
印　　刷：
装　　订：北京京师印务有限公司
出版发行：电子工业出版社
　　　　　北京市海淀区万寿路 173 信箱　邮编　100036
开　　本：787×1092　1/16　印张：14.5　字数：371.2 千字
印　　次：2011 年 1 月第 1 次印刷
定　　价：58.00 元

凡所购买电子工业出版社的图书，如有缺损问题，请向购买书店调换。若书店售缺，请与本社发行部联系，联系及邮购电话：（010）88254888。

质量投诉请发邮件至 zlts@phei.com.cn，盗版侵权举报请发邮件至 dbqq@phei.com.cn。

服务热线：（010）88258888。

前　言

随着计算机应用的不断深入，计算机在人们工作、学习和社会生活的各个方面正发挥着越来越重要的作用。使用计算机已经成为各行各业劳动者必备的基本技能，计算机应用基础已成为中等职业学校各专业不可缺少的文化基础课程。

在教育部《中等职业学校计算机应用基础教学大纲》中，已将计算机应用基础课程列为中等职业学校学生必修的一门公共基础课。其课程的任务是：使学生掌握必备的计算机应用基础知识和基本技能，培养学生应用计算机解决工作与生活中实际问题的能力，初步具有应用计算机学习的能力，为其职业生涯发展和终身学习奠定基础；提升学生的信息素养，使学生了解并遵守相关法律法规、信息道德及信息安全准则，培养学生成为信息社会的合格公民。

为了使学生掌握必备的计算机应用基础知识和基本技能，培养学生使用计算机解决工作与生活中实际问题的能力，根据教育部制定的《中等职业学校计算机应用基础教学大纲》（2009 年版）的要求，我们组织教师编写了《计算机应用基础》基础模块与职业模块两本教程，为了区别于传统的教学方案设计，便于教师在实际授课过程中能够准确把握基于工作过程的教学理念，能够完成基于工作过程的教学设计，我们又组织了《计算机应用基础》基础模块与职业模块两本教程的主要作者编写了《计算机应用基础教学参考书》一书。本书编写具有如下特点：

（1）便于教师根据能力单元的目标要求，结合现有的专业实训条件，选取典型的任务、项目、案例等作为载体，基于工作过程导向进行课程实施方案设计。通过采取工学交替、任务驱动、项目导向、课堂与实习地点一体化等教学模式，帮助任课教师将能力单元的目标要求（知识、技能、素质）有目标地分解或穿插于各工作过程序列中。

（2）有助于教师在教学实施中指导学生遵循“资讯、决策、计划、实施、检查、评估”这一完整的工作过程序列，引导学生获取信息、制订计划、实施计划、检查与评估工作完成情况，有效地培养学生职业能力、方法能力和社会能力。

本书由潘澔、王路群主编，陈高祥、曹静、肖奎副主编，参与编写的人员有杨国勋、王理华、王顺华、叶红霞、傅强、钱玲如、潘舒洁、陈芳、卞珺、金菊菊、徐风梅、胡双、马力、魏茂林、顾巍、赵晨伟、胡雪林、边娜、苏彬、胡洪健、龙天才、单淮峰、刘晓川等。在此对在编写、出版和发行等工作中做出努力的有关同志表示感谢。

由于编写时间仓促，加之编者学识有限，书中难免存在疏漏与不足之处，欢迎专家、读者批评指正。

编　者

目　录

上篇　基础模块

下篇　职业模块

上篇　基础模块

第 1 章　计算机基础知识

任务 1——计算机发展及应用领域

教学单元设计实施方案

<table>
<tr><td colspan="2">教学单元名称</td><td>计算机发展及应用领域</td><td>课时</td><td>2 学时</td></tr>
<tr><td colspan="2" rowspan="2">所属章节</td><td>第 1 章　计算机基础知识</td><td rowspan="2">授课班级</td><td rowspan="2"></td></tr>
<tr><td>学习单元 1.1　计算机发展及应用领域
任务 1　了解计算机的发展历史
任务 2　了解计算机的应用、特点及分类</td></tr>
<tr><td colspan="2">任务描述</td><td colspan="3">学习计算机发展史的相关知识；学习计算机的应用、特点及分类等相关知识。</td></tr>
<tr><td colspan="2">任务分析</td><td colspan="3">通过对教材中任务 1 的学习，使学生能够了解各个时期计算机的发展情况及应用领域，从而更好地认识和理解现代计算机的相关概念和技术。
通过对教材中任务 2 的学习，使学生能够了解计算机在各个领域中的广泛应用、计算机的特点及计算机的分类。</td></tr>
<tr><td rowspan="3">教学目标</td><td>方法能力</td><td>（1）能够有效地获取、利用和传递信息。
（2）能够在工作中寻求发现问题和解决问题的途径。
（3）能够独立学习，不断获取新的知识和技能。
（4）能够对所完成工作的质量进行自我控制及正确评价。</td><td rowspan="3">考核方式</td><td rowspan="3">过程考核与终结考核
过程考核：小组讨论结果记录（50%）
终结考核：总结反思报告（50%）</td></tr>
<tr><td>社会能力</td><td>（1）在工作中能够良好沟通，掌握一定的交流技巧。
（2）公正坦诚、乐于助人，学会与人相处。
（3）做事认真、细致，有自制力和自控力。
（4）有较强的团队协作精神和环境意识。</td></tr>
<tr><td>专业能力</td><td>（1）能够了解各个时期计算机的发展情况及应用领域。
（2）能够了解计算机在各个领域中的广泛应用、计算机的特点及计算机的分类。</td></tr>
<tr><td>教学环境</td><td colspan="4">教师计算机应具备如下的软硬件环境。
软件环境：Windows XP、Office 2007。
硬件环境：投影屏幕。</td></tr>
</table>

教学单元设计实施方案架构

<table>
<tr><th>教学内容</th><th>教师行动</th><th>学生行动</th><th>组织方式</th><th>教学方法</th><th>资源与媒介</th><th>时间（分）</th></tr>
<tr><td>1. 任务提出</td><td>教师解释具体工作任务</td><td>接受工作任务</td><td>集中</td><td>引导文法</td><td>投影屏幕</td><td>10</td></tr>
<tr><td rowspan="2">2. 知识讲授与操作演示</td><td>讲授计算机发展史的相关知识</td><td>认识了解计算机发展史的相关知识</td><td rowspan="2">集中</td><td rowspan="2">讲授</td><td rowspan="2">投影屏幕</td><td rowspan="2">50</td></tr>
<tr><td>讲授计算机的应用、特点及分类等相关知识</td><td>认识了解计算机的应用、特点及分类等相关知识</td></tr>
<tr><td rowspan="2">3. 学生讨论</td><td>提出讨论的问题</td><td>精神集中，记录教师提出的问题</td><td>集中</td><td>讲授</td><td>投影屏幕</td><td rowspan="2">10</td></tr>
<tr><td>巡视检查、记录
回答学生提问</td><td>讨论教师提出的问题</td><td>分组（两人一组，随机组合）</td><td>头脑风暴</td><td>笔记本</td></tr>
<tr><td>4. 完成工作任务</td><td>巡视检查、记录</td><td>整理小组讨论的结果</td><td>独立</td><td>自主学习</td><td>计算机</td><td>10</td></tr>
<tr><td rowspan="2">5. 总结评价</td><td>根据先期观察记录，挑选出具有代表性的几个小组的最终成品，随机抽取学生对其进行初步点评</td><td>倾听点评</td><td>分组、集中</td><td>自主学习</td><td>计算机和投影屏幕</td><td rowspan="2">10</td></tr>
<tr><td>对任务完成情况进行总结</td><td>倾听总结，对自己的整个工作任务的完成过程进行反思，并书写总结报告</td><td>集中</td><td>讲授、归纳总结法</td><td>计算机和投影屏幕</td></tr>
</table>

教学单元设计实施方案细则

1．任务提出（10 分钟）
教师提出具体的工作任务——学习计算机发展史的相关知识；学习计算机的应用、特点及分类等相关知识。 使学生明确本单元学习任务是了解计算机的发展及应用领域。
2．知识讲授与操作演示（50 分钟）
（1）教师讲授计算机发展史的相关知识。 背景资料：计算机发展历史 ① 第一代计算机（1946—1957 年）。 第一代计算机使用的基本的电子元件是电子管。其特点是体积大、功耗高、价格昂贵、可靠性差、存储容量小。第一代计算机使用机器语言或汇编语言进行程序的编写，主要应用于军事和科学研究领域。 ② 第二代计算机（1958—1963 年）。 第二代计算机使用的基本的电子元件是晶体管。晶体管的发明大大促进了计算机的发展，晶体管代替了体积庞大电子管，电子设备的体积不断减小。随着晶体管在计算机中的使用，晶体管和磁芯存储器技术的发展促使了第二代计算机的产生。第二代计算机的特点是体积小、速度快、功耗低、性能更稳定。 软件方面，在这一时期形成了操作系统的雏形。另外，COBOL（Common Business-Oriented Language）和 FORTRAN（Formula Translator）等高级程序语言的产生，以单词、语句和数学公式代替了二进制机器码，使计算机编程更容易。计算机的应用也从军事和科学研究领域扩展到了数据处理、过程控制等其他领域中。 ③ 第三代计算机（1964—1972 年）。 第三代计算机使用的基本的电子元件是集成电路。集成电路（IC）技术的产生使科学家能够将大量的元件集成到单一的半导体芯片上。于是，计算机变得更小，功耗更低，可靠性和运算能力进一步提高。在这一时期分时操作系统开始出现，高级程序语言逐渐增多，美国的 APPANET 网计划也基本完成。计算机得到了越来越广泛的应用。 ④ 第四代计算机（1972 年至今）。 第四代计算机使用的基本的电子元件是大规模或超大规模集成电路。出现集成电路后，唯一的发展方向是扩大规模。大规模集成电路（LSI）可以在一个芯片上容纳几百个元件。到了 20 世纪 80 年代，超大规模集成电路（VLSI）在芯片上容纳了几十万个元件，而后来的特大规模集成电路（ULSI）技术将此数字提高到了百万级。可以在硬币大小的芯片上容纳如此数量的元件使得计算机的体积和价格不断下降，而功能和可靠性不断增强。同时随着操作系统、高级语言、数据库管理系统和应用软件的日益完善，以及 Internet 的迅速发展，使计算机的应用渗透到了我们工作、生活和学习的各个领域，信息时代从此到来。 （2）教师讲授计算机的应用、特点及分类等相关知识。 背景资料：计算机应用领域 ① 科学计算。 科学计算是指利用计算机来完成科学研究和工程技术中提出的数学问题的计算。在现代科学技术工作中存在大量复杂的科学计算问题。利用计算机的高速计算、大存储容量和连续运算能力，可以实现人工无法解决的各种科学问题的计算。 ② 信息处理。 信息处理或数据处理是指对各种数据进行收集、存储、整理、分类、统计、加工、利用和传播等一系列活动的统称。据统计，80%以上的计算机主要用于数据处理，这决

定了计算机应用的主导方向。

③ 辅助技术。

计算机辅助设计是利用计算机系统辅助设计人员进行工程或产品设计，以实现最佳设计效果的一种技术，简称 CAD。计算机辅助制造是利用计算机系统进行生产设备的管理、控制和操作的过程，简称 CAM。计算机辅助教学是利用计算机系统使用课件来进行教学，简称 CAI。

④ 实时控制。

实时控制或过程控制是指利用计算机及时采集检测数据，按最优值迅速地对控制对象进行自动调节或自动控制。采用计算机进行过程控制，不仅可以大大提高控制的自动化水平，而且可以提高控制的及时性和准确性，从而改善劳动条件、提高产品质量及合格率。因此，计算机过程控制已在机械、冶金、石油、化工、纺织、水电、航天等部门得到了广泛的应用。

⑤ 人工智能。

人工智能是指计算机模拟人类的智能活动，如感知、判断、理解、学习、问题求解和图像识别等。现在人工智能的研究已取得了不少成果，有些已开始走向实用阶段。

⑥ 网络应用。

计算机技术与现代通信技术的结合构成了计算机网络。计算机网络的建立，不仅解决了一个单位、一个地区、一个国家中计算机与计算机之间的通信问题，而且能够使各种软、硬件资源得到共享，大大促进了文字、图像、视频和声音等各类数据的传输与处理。

背景资料：计算机的特点

① 运算速度快。目前最快的巨型机每秒能进行数百万亿次运算。

② 计算精度高。计算机内部采用二进制运算，数值计算非常精确，一般有效数字可以达到几十位。

③ 具有记忆和逻辑判断功能。计算机的存储设备可以把原始数据、中间结果、计算结果、程序执行过程等信息存储起来供再次使用。存储能力取决于所配置的存储设备的容量。

④ 具有自动执行功能。由于数据和程序存储在计算机中，用户一旦向计算机发出运行指令，计算机就能在程序的控制下，自动按事先规定的步骤执行，直到完成指定的任务为止。

3．学生讨论（10 分钟）

（1）教师提出讨论的问题。未来的计算机将如何发展？你在日常生活中接触到了哪些类型的计算机？它们的主要用途是什么？讨论未来的计算机可能会有什么样的应用？基于计算机的特点，分析计算机得到广泛应用的原因。

（2）学生以小组为单位进行讨论。

（3）教师在此过程中不讲授任何内容，完全由学生带着问题自己来完成讨论过程，教师只充当咨询师的角色，并认真检查记录学生讨论的情况，以便考核学生。

4．完成工作任务（10 分钟）

学生整理小组讨论的结果。

5．总结评价（10 分钟）

（1）教师依据学生讨论及完成的讨论记录，挑选出具有代表性的几个小组的工作成果，随机抽取几个学生对其进行点评，说出优点与不足之处。

（2）教师对任务完成情况进行总结。

（3）学生对自己完成的工作进行总结与反思，主要写出自己在小组讨论中的收获，并提交书面总结报告。

任务 2——初识计算机系统

教学单元设计实施方案

<table>
<tr><td colspan="2">教学单元名称</td><td>初识计算机系统</td><td>课时</td><td>4 学时</td></tr>
<tr><td colspan="2" rowspan="2">所属章节</td><td>第 1 章　计算机基础知识</td><td rowspan="2">授课班级</td><td rowspan="2"></td></tr>
<tr><td>学习单元 1.2　初识计算机系统
任务 1　了解计算机系统结构
任务 2　了解计算机中的信息表示方式
任务 3　了解计算机中字符的编码方式</td></tr>
<tr><td colspan="2">任务描述</td><td colspan="3">学习计算机系统组成的相关知识；学习计算机软硬件系统知识；学习数制的相关概念，以及常用数制之间的转换方法；学习计算机中字符编码的相关知识。</td></tr>
<tr><td colspan="2">任务分析</td><td colspan="3">通过对教材中任务 1 的学习，使学生能够了解计算机系统是由哪几部分组成的及各部分的作用，并了解计算机软硬件系统的相关知识。
通过对教材中任务 2 的学习，使学生能够了解信息在计算机系统中的表示方式、常用的数制及数制之间的转换方法。
通过对教材中任务 3 的学习，使学生能够了解计算机中字符编码的相关知识。</td></tr>
<tr><td rowspan="3">教学目标</td><td>方法能力</td><td>（1）能够有效地获取、利用和传递信息。
（2）能够在工作中寻求发现问题和解决问题的途径。
（3）能够独立学习，不断获取新的知识和技能。
（4）能够对所完成工作的质量进行自我控制及正确评价。</td><td rowspan="3">考核方式</td><td rowspan="3">过程考核与终结考核
过程考核：小组讨论结果记录（50%）
终结考核：总结反思报告（50%）</td></tr>
<tr><td>社会能力</td><td>（1）在工作中能够良好沟通，掌握一定的交流技巧。
（2）公正坦诚、乐于助人，学会与人相处。
（3）做事认真、细致，有自制力和自控力。
（4）有较强的团队协作精神和环境意识。</td></tr>
<tr><td>专业能力</td><td>（1）能够了解计算机系统结构和软硬件系统。
（2）能够了解计算机中的信息表示方式；掌握常用的数制之间的转换方法。
（3）了解计算机中字符编码的相关知识。</td></tr>
<tr><td>教学环境</td><td colspan="4">教师计算机应具备如下的软硬件环境。
软件环境：Windows XP、Office 2007。
硬件环境：投影屏幕。</td></tr>
</table>

教学单元设计实施方案架构

教学内容	教师行动	学生行动	组织方式	教学方法	资源与媒介	时间（分）
1. 任务提出	教师解释具体工作任务	接受工作任务	集中	引导文法	投影屏幕	20
2. 知识讲授与操作演示	讲授计算机系统结构	了解计算机系统结构相关知识	集中	讲授	投影屏幕	90
	讲授计算机中的信息表示方式	了解计算机中的信息表示方式				
	讲授计算机中字符的编码方式	了解计算机中字符编码的相关知识				
3. 学生讨论	提出讨论的问题	精神集中，记录教师提出的问题	集中	讲授	投影屏幕	40
	巡视检查、记录回答学生提问	讨论教师提出的问题	分组（两人一组，随机组合）	头脑风暴	笔记本	
4. 完成工作任务	巡视检查、记录	整理小组讨论的结果	独立	自主学习	计算机	10
5. 总结评价	根据先期观察记录，挑选出具有代表性的几个小组的最终成品，随机抽取学生对其进行初步点评	倾听点评	分组、集中	自主学习	计算机和投影屏幕	20
	对任务完成情况进行总结	倾听总结，对自己的整个工作任务的完成过程进行反思，并书写总结报告	集中	讲授、归纳总结法	计算机和投影屏幕	

教学单元设计实施方案细则

1．任务提出（20 分钟）
教师提出具体的工作任务——学习计算机系统结构的相关知识；学习信息在计算机中如何表示；学习计算机中字符编码的相关知识。
2．知识讲授与操作演示（90 分钟）
（1）教师讲授计算机系统结构的相关知识。 背景资料：计算机系统结构 计算机系统是由硬件系统和软件系统两部分组成的。硬件系统是组成计算机系统的各种物理设备的总称。软件系统是为使用、管理和维护计算机而编制的各种程序、数据和文档的总称。软件系统是建立在硬件系统之上的，而硬件系统是通过软件系统发挥作用的，因此整个计算机系统的这两个部分互相联系缺一不可。如果把计算机系统看做一个人，则硬件系统是人的身体，而软件系统则是人的思想。 背景资料：计算机硬件系统 虽然计算机经过几十年的发展，技术日新月异，但其硬件系统的基本结构没有改变，还是沿用冯·诺依曼设计的结构体系。此结构体系设计的计算机硬件系统由运算器、控制器、存储器、输入设备和输出设备 5 个基本部分组成。 ① 运算器。 运算器对整个计算机系统的数据进行计算处理，它的主要功能是对二进制数进行算术运算和逻辑运算。运算器是由算术逻辑单元，累加器、通用寄存器、逻辑运算线路和运算控制线路等组成。 ② 控制器。 控制器是整个计算机系统的神经中枢，它指挥着计算机各个部件自动、协调地工作，只有在它的控制下整个计算机才能有条不紊地自动执行程序。控制器由指令寄存器、指令译码器、时序产生器、程序计数器和操作控制器等组成。 ③ 存储器。 存储器是计算机系统的记忆设备，它的主要功能是存放程序和数据。CPU 读取存储器中的程序指令执行，并将处理后的数据存放到存储器中。按照用途存储器通常分为内存储器和外存储器。 ④ 输入设备。 输入设备是指外部用来向计算机输入各种信息的设备。这些信息包括字符信息、用户操作信息、图形图像和声音等信息。输入设备的作用就是将这些信息转换成计算机能识别的电信号输入计算机中进行处理。目前常用的输入设备有键盘、鼠标、扫描仪、摄像头和话筒等。 ⑤ 输出设备。 输出设备是指将计算机处理后的信息向外部输出的设备。目前常用的输出设备有显示器、打印机和音箱等。 背景资料：计算机软件系统 计算机只有硬件系统是无法工作的，必须要安装相应的软件系统才能运行。软件系统是各种程序、数据和文档的总称。软件系统中最主要的就是程序，程序是由一系列指令所组成的，它告诉计算机如何完成一个具体的任务。程序是使用和管理计算机硬件资源的核心，因此通常所说的软件一般指的就是程序。软件系统又分为系统软件和应用软件两种。

系统软件是由一系列控制计算机系统，并管理其资源的程序和数据所构成的。系统软件主要包括操作系统、程序语言处理系统和数据库管理系统。

应用软件是指建立在系统软件之上，为某一专门的应用目的而开发的软件。正是由于应用软件的存在，才使计算机得到了广泛的应用，涉及人们工作、生活和学习的方方面面。应用软件大体上可分为两种，即通用应用软件和专用应用软件。通用应用软件支持最基本的应用，广泛地应用于各个领域。

（2）教师讲授计算机中的信息表示方式。

背景资料：计算机中的信息表示方式

当今社会已经进入了信息时代，信息无处不在。信息其实是一个抽象的概念，对于不同的系统，信息的表现形式是不同的。例如，对于人的认知系统，信息就是指以声音、语言、文字、图像、动画、气味等方式所表示的实际内容。计算机系统其实就是一种信息处理系统，在计算机中以二进制的形式进行信息的存储和处理。计算机中采用二进制是由计算机电路所使用的元器件性质决定的。计算机中采用了具有两个稳态的二值电路。二值电路只能表示两个数码：0 和 1，用低电位表示数码 0，高电位表示数码 1。在计算机中采用二进制，具有运算简单、电路实现方便、成本低廉等优点。

（3）教师讲授计算机中字符的编码方式。

背景资料：计算机中字符的编码方式

人们日常使用的字符包括字母、数字、标点符号、控制字符及其他符号。在计算机中需要对这些字符进行二进制编码后才能进行处理和存储。目前计算机中使用最广泛的字符集及其编码，是由美国国家标准局（ANSI）制定的 ASCII 码（American Standard Code for Information Interchange，美国标准信息交换码），它已被国际标准化组织（ISO）定为国际标准。

3．学生讨论（40 分钟）

（1）教师提出问题。计算机系统由哪几部分组成？计算机硬件系统由哪几部分组成，这些部件起什么作用？系统软件有哪些类型？计算机系统为什么采用二进制进行信息编码？将下列十进制数转换成二进制数：$(53)_{10}$　$(17)_{10}$　$(32)_{10}$；将下列二进制数转换成十六进制数：$(10111)_2$　$(111011)_2$　$(1011101)_2$；从 ASCII 码表中查找下列字符的二进制编码，并将二进制编码转换成十进制数：%　N　a　5　DEL。

（2）学生以小组为单位进行讨论。

（3）教师在此过程中不讲授任何内容，完全由学生带着问题自己来完成讨论过程，教师只充当咨询师的角色，并认真检查、记录学生讨论的情况，以便考核学生。

4．完成工作任务（10 分钟）

学生整理小组讨论的结果。

5．总结评价（20 分钟）

（1）教师依据学生讨论及完成的讨论记录，挑选出具有代表性的几个小组的工作成果，随机抽取几个学生对其进行点评，说出优点与不足之处。

（2）教师对任务完成情况进行总结。

（3）学生对自己完成的工作进行总结与反思，主要写出自己在小组讨论中的收获，并提交书面总结报告。

任务3——个人计算机的硬件配置

教学单元设计实施方案

<table>
<tr><td colspan="2">教学单元名称</td><td>个人计算机的硬件配置</td><td>课时</td><td>2学时</td></tr>
<tr><td colspan="2">所属章节</td><td>第1章　计算机基础知识
学习单元1.3　个人计算机的硬件配置
任务1　选购个人计算机主机
任务2　计算机外部设备的选购和连接</td><td>授课班级</td><td></td></tr>
<tr><td colspan="2">任务描述</td><td colspan="3">学习个人计算机主机各组成部分的作用和性能；学习计算机常用的外部设备，以及如何与主机连接的相关知识。</td></tr>
<tr><td colspan="2">任务分析</td><td colspan="3">通过对教材中任务1的学习，使学生能够了解个人计算机主机的组成及各组成部分的作用和性能指标。
通过对教材中任务2的学习，使学生能够了解计算机常用的外部设备，以及个人计算机主机的外部设备接口。</td></tr>
<tr><td rowspan="3">教学目标</td><td>方法能力</td><td>（1）能够有效地获取、利用和传递信息。
（2）能够在工作中寻求发现问题和解决问题的途径。
（3）能够独立学习，不断获取新的知识和技能。
（4）能够对所完成工作的质量进行自我控制及正确评价。</td><td rowspan="3">考核方式</td><td rowspan="3">过程考核与终结考核
过程考核：小组讨论及实验结果记录（50%）
终结考核：总结反思报告（50%）</td></tr>
<tr><td>社会能力</td><td>（1）在工作中能够良好沟通，掌握一定的交流技巧。
（2）公正坦诚、乐于助人，学会与人相处。
（3）做事认真、细致，有自制力和自控力。
（4）有较强的团队协作精神和环境意识。</td></tr>
<tr><td>专业能力</td><td>（1）了解计算机主机配件的功能及其性能指标；能根据需要选购合适的个人计算机主机配件。
（2）了解常用计算机外部设备的功能及其性能指标；能根据需要选购合适的计算机外部设备。
（3）能够将计算机外部设备与计算机主机进行正确的连接。</td></tr>
<tr><td>教学环境</td><td colspan="4">教师计算机应具备如下的软硬件环境。
软件环境：Windows XP、Office 2007。
硬件环境：投影屏幕、多套计算机主机配件和常用外部设备。</td></tr>
</table>

教学单元设计实施方案架构

<table>
<tr><th>教学内容</th><th>教师行动</th><th>学生行动</th><th>组织方式</th><th>教学方法</th><th>资源与媒介</th><th>时间（分）</th></tr>
<tr><td>1. 任务提出</td><td>教师解释具体工作任务</td><td>接受工作任务</td><td>集中</td><td>引导文法</td><td>投影屏幕</td><td>10</td></tr>
<tr><td rowspan="2">2. 知识讲授与操作演示</td><td>讲授个人计算机主机各组成部分的作用和性能</td><td>学习了解个人计算机主机各组成部分的作用和性能</td><td rowspan="2">集中</td><td rowspan="2">讲授</td><td rowspan="2">投影屏幕</td><td rowspan="2">40</td></tr>
<tr><td>讲授计算机常用的外部设备，以及如何与主机连接的相关知识</td><td>学习了解计算机常用的外部设备，以及如何与主机连接的相关知识</td></tr>
<tr><td rowspan="2">3. 学生实验与讨论</td><td rowspan="2">巡视检查、记录
回答学生提问</td><td>观察个人计算机主机配件和计算机常用外部设备的实物或图片</td><td>分组（4人一组，随机组合）</td><td>头脑风暴</td><td>计算机主机配件和计算机常用外部设备</td><td rowspan="2">20</td></tr>
<tr><td>将计算机外部设备与计算机主机进行连接</td><td>分组（4人一组，随机组合）</td><td>头脑风暴</td><td>计算机外部设备与计算机主机</td></tr>
<tr><td>4. 完成工作任务</td><td>巡视检查、记录</td><td>整理小组讨论和实验结果</td><td>独立</td><td>自主学习</td><td>计算机</td><td>10</td></tr>
<tr><td rowspan="2">5. 总结评价</td><td>根据学生讨论及实验完成情况，挑选几名学生进行计算机主机配件和外部设备的识别，并演示计算机主机和外部设备的连接</td><td>集中精神，积极思考</td><td>集中</td><td>自主学习</td><td>计算机和投影屏幕</td><td rowspan="2">10</td></tr>
<tr><td>对任务完成情况进行总结</td><td>倾听总结，对自己的整个工作任务的完成过程进行反思，并书写总结报告</td><td>集中</td><td>讲授、归纳总结法</td><td>计算机和投影屏幕</td></tr>
</table>

教学单元设计实施方案细则

1．任务提出（10 分钟）
教师提出具体的工作任务——学习了解计算机主机配件的功能及其性能指标；能根据需要选购合适的个人计算机主机配件。了解常用计算机外部设备的功能及其性能指标；能根据需要选购合适的计算机外部设备。能够将计算机外部设备与计算机主机进行正确的连接。
2．知识讲授与操作演示（40 分钟）
（1）教师讲授个人计算机主机各组成部分的作用和性能。 背景资料：计算机主机的各组成部分 ① 中央处理器（CPU）。 CPU 是计算机的核心部件，CPU 的性能直接影响着计算机的整体性能。衡量 CPU 性能的指标参数主要有主频、前端总线频率、字长和缓存容量。 ② 主板。 主板是一块大型的多层印制电路板，上面安装了计算机的主要电路系统、芯片、各种插槽和接口，其中包括 BIOS 芯片、北桥芯片、南桥芯片、CPU 插槽、内存插槽、扩充插槽、PS/2 键盘鼠标接口、USB 接口、串行接口和并行接口等。目前大部分主板上还集成了显卡、声卡和网卡等。 ③ 内存。 内存也称为内存条，指的是安装有多个 RAM 芯片的矩形电路板。内存中存储的是 CPU 正在处理的数据和程序，因此内存容量是衡量一台计算机性能的重要指标。 ④ 显示适配器。 显示适配器简称为显卡，是连接显示器和主机的部件。显卡的主要作用是将计算机系统需要显示的信息进行转换，并传输到显示器进行显示。图形处理器的核心频率和显存的容量是决定显示适配器性能的主要指标。 ⑤ 声卡。 声卡是计算机中连接主机与音频输入/输出设备的部件。它能够将主机产生的数字音频信号转换成模拟信号传输到音箱或耳机中，也能将话筒输入的音频信号转换成数字音频数据交给主机进行处理。 ⑥ 网卡。 网卡是计算机与网络进行连接通信的部件。网卡和网络之间是通过串行传输方式进行通信的，而网卡和计算机之间则是通过并行传输方式进行通信的。因此，网卡的一个重要功能就是要进行串行/并行转换。 ⑦ 硬盘存储器。 硬盘存储器通常简称为硬盘，是外存储器的一种，主要存储软件系统和需长期保存的数据文档等。硬盘的容量决定了计算机系统能存储多少数据，它也是衡量计算机系统性能的一个重要指标。 ⑧ 光盘存储系统。 光盘存储系统由光盘和光盘驱动器两部分组成。二进制的数据编码信息存储在光盘中。光盘驱动器通过数据线与主板上对应的接口连接，并将光盘中读取的信息传输到主机进行处理。 （2）教师讲授计算机常用的外部设备，以及如何与主机连接的相关知识。

背景资料：计算机常用的外部设备

① 键盘。

键盘是计算机重要的输入设备。用户通过键盘向计算机输入命令、程序和数据。键盘通过 PS/2 或 USB 接口和主机连接。它一般分为 5 个部分：主键盘区、功能键区、编辑键区、小键盘区和指示灯区。

② 鼠标。

鼠标是计算机重要的输入设备。用户可通过鼠标来快速移动和定位图形操作界面上光标的位置，并进行选择、移动、打开或关闭相关图形界面项目的操作。鼠标通过 PS/2 或 USB 接口与主机连接。

③ 显示器。

显示器是计算机系统最基本的输出设备，是用户和计算机进行交互的一个重要途径。显示器通过显卡的接口和主机连接，它的作用是将主机传输过来的电信号转换到屏幕上显示为字符和图形图像等视觉信号。

④ 打印机。

打印机是一种常见的输出设备。打印机可将计算机输出的结果，如文本和图像等，在打印纸上打印出来。打印机通过并口或 USB 接口与主机连接。

⑤ USB 闪存盘。

随着移动存储技术的成熟，USB 闪存盘成为目前最流行的移动存储设备。USB 闪存盘简称 U 盘，它通过主板上的 USB 接口和主机连接，其特点是使用方便、数据存取速度快、小巧便于携带、存储容量大。

⑥ 音频设备。

音频设备包括音箱、耳机和话筒。音箱和耳机属于输出设备，它们可将计算机的电信号转换为声音信号输出。话筒属于输入设备，它们可将声音信号转换为电信号输入到计算机进行处理。通常在耳机上会配置话筒。

3．学生实验与讨论（20 分钟）

（1）学生分组观察个人计算机主机配件和计算机常用外部设备的实物或图片。

（2）学生将计算机外部设备与计算机主机进行连接。

（3）教师在此过程中不讲授任何内容，完全由学生带着问题自己来完成讨论过程，教师只充当咨询师的角色，并认真检查、记录学生讨论的情况，以便考核学生。

4．完成工作任务（10 分钟）

学生整理小组讨论和实验的结果。

5．总结评价（10 分钟）

（1）教师根据学生讨论及实验完成情况，挑选几名学生进行计算机主机配件和外部设备的识别，并演示计算机主机和外部设备的连接。

（2）教师对任务完成情况进行总结。

（3）学生对自己完成的工作进行总结与反思，主要写出自己在小组讨论中的收获，并提交书面总结报告。

任务4——安全使用计算机

教学单元设计实施方案

<table>
<tr><td colspan="2">教学单元名称</td><td>安全使用计算机</td><td colspan="2">课时</td><td>2学时</td></tr>
<tr><td colspan="2" rowspan="2">所属章节</td><td>第1章　计算机基础知识</td><td colspan="2" rowspan="2">授课班级</td><td rowspan="2"></td></tr>
<tr><td>学习单元1.4　安全使用计算机
任务1　了解信息安全、计算机病毒和知识产权</td></tr>
<tr><td colspan="2">任务描述</td><td colspan="4">学习信息安全、计算机病毒和知识产权的相关知识</td></tr>
<tr><td colspan="2">任务分析</td><td colspan="4">通过对本任务的学习，使学生能够了解信息安全、计算机病毒和知识产权方面的相关知识。在本任务的学习过程中应重点掌握计算机病毒的相关概念和防治方法。</td></tr>
<tr><td rowspan="3">教学目标</td><td>方法能力</td><td>（1）能够有效地获取、利用和传递信息。
（2）能够在工作中寻求发现问题和解决问题的途径。
（3）能够独立学习，不断获取新的知识和技能。
（4）能够对所完成工作的质量进行自我控制及正确评价。</td><td rowspan="3">考核方式</td><td colspan="2" rowspan="3">过程考核与终结考核
过程考核：小组讨论结果记录（50%）
终结考核：总结反思报告（50%）</td></tr>
<tr><td>社会能力</td><td>（1）在工作中能够良好沟通，掌握一定的交流技巧。
（2）公正坦诚、乐于助人，学会与人相处。
（3）做事认真、细致，有自制力和自控力。
（4）有较强的团队协作精神和环境意识。</td></tr>
<tr><td>专业能力</td><td>（1）能够了解信息安全的相关知识。
（2）能够了解计算机病毒的相关知识。
（3）能够了解知识产权的相关知识。</td></tr>
<tr><td>教学环境</td><td colspan="5">教师计算机应具备如下的软硬件环境。
软件环境：Windows XP、Office 2007。
硬件环境：投影屏幕。</td></tr>
</table>

教学单元设计实施方案架构

教学内容	教师行动	学生行动	组织方式	教学方法	资源与媒介	时间（分）
1. 任务提出	教师解释具体工作任务	接受工作任务	集中	引导文法	投影屏幕	10
2. 知识讲授与操作演示	讲授信息安全的相关知识	集中精神，认真听讲，积极思考	集中	讲授	投影屏幕	50
	讲授计算机病毒的相关知识					
	讲授知识产权的相关知识					
3. 学生讨论	提出讨论的问题	精神集中，记录教师提出的问题	集中	讲授	投影屏幕	10
	巡视检查、记录回答学生提问	讨论教师提出的问题	分组（两人一组，随机组合）	头脑风暴	笔记本	
4. 完成工作任务	巡视检查、记录	整理小组讨论的结果	独立	自主学习	计算机	10
5. 总结评价	根据先期观察记录，挑选出具有代表性的几个小组的最终成品，随机抽取学生对其进行初步点评	倾听点评	分组、集中	自主学习	计算机和投影屏幕	10
	对任务完成情况进行总结	倾听总结，对自己的整个工作任务的完成过程进行反思，并书写总结报告	集中	讲授、归纳总结法	计算机和投影屏幕	

教学单元设计实施方案细则

1．任务提出（10 分钟）

教师提出具体的工作任务——学习信息安全的相关知识；学习计算机病毒的相关知识；学习知识产权的相关知识。

2．知识讲授与操作演示（50 分钟）

（1）教师讲授信息安全的相关知识。

背景资料：信息安全的相关知识

信息安全是指为数据处理系统建立和采取的安全保护措施，以保护计算机硬件、软件数据不因偶然和恶意的原因而遭到破坏、更改和泄露，使得系统能连续正常的运行。信息作为一种资源，具有普遍性、共享性、增值性、可处理性和多效用性等特点，对于人类来说具有特别重要的意义。信息安全的实质就是要保护信息系统或信息网络中的信息资源免受各种类型的威胁、干扰和破坏，即保证信息的安全性。

随着计算机及网络技术的不断发展和广泛应用，人们对计算机的依赖越来越强，所有重要数据和文档都是存储在计算机中或通过网络进行传输的。在这个过程中信息安全问题往往很容易被人们忽视，对于一些重要的信息，如财务数据、具有保密性的文件资料、国家安全信息、个人的重要资料、银行账户信息等，一旦由于用户的疏忽和管理不善被泄露或破坏，将给国家、企业和个人造成重大损失。目前影响信息安全的因素主要有计算机病毒的制造与传播、网络传输数据安全可靠性不高、通过网络进行的攻击，以及用户信息安全意识淡薄等，其中计算机病毒已成为对信息安全影响最大的因素。

（2）教师讲授计算机病毒的相关知识。

背景资料：计算机病毒的种类

目前流行的计算机病毒有系统病毒、木马病毒、蠕虫病毒、脚本病毒和宏病毒等。

① 系统病毒：此类病毒会感染操作系统中的服务程序和可执行程序，如 Windows 系统中的*.dll 文件和*.exe 文件，并通过这些文件进行病毒的复制和传播，破坏系统数据。有的系统病毒甚至可以破坏主板上的 BIOS 程序，使硬件被损坏，如 CIH 病毒。

② 木马病毒：木马病毒也被称为特洛伊病毒。这种病毒一般分为服务器端和客户端两部分。服务器端病毒程序通过文件的复制、网络中文件的下载和电子邮件附件等途径进行传播。一旦用户感染了这类病毒程序，病毒就会在每次系统启动时偷偷地在后台运行。当被感染的计算机系统连接到网络时，黑客就可以通过客户端病毒在网络上寻找到这种计算机，然后在用户不知晓的情况下使用客户端病毒指挥服务器端病毒对用户的计算机进行控制。

③ 蠕虫病毒：此类病毒的共有特性是通过网络或者系统漏洞进行传播，因此传播速度快、影响范围广。大部分蠕虫病毒都有向外发送带毒邮件、阻塞网络的特性。熊猫烧香就是此类病毒的代表。

④脚本病毒：脚本病毒是利用脚本语言编写的病毒。脚本语言通常用来设计网页，使网页具有动态效果，但其功能强大，能访问计算机系统资源，因此常被用来编写包含在网页中的病毒。当用户使用浏览器访问含有这些病毒的网页时，脚本病毒就会在用户的计算机中自动执行，窃取和破坏用户数据。

⑤ 宏病毒：宏病毒是利用宏语言编制的病毒。宏病毒充分利用宏命令强大的系统调用功能，实现某些涉及系统底层操作的破坏。宏病毒仅感染 Windows 系统下 Office 系列文档，然后通过 Office 通用模板进行传播。

背景资料：计算机病毒的预防和处理

① 养成良好的计算机使用习惯。例如，不要访问不熟悉的网站，不要打开陌生的电子邮件，不要随意执行从网上下载的未知应用程序，使用 U 盘或光盘等移动存储设备时要先使用杀毒软件进行检查和杀毒，设置复杂的账号密码，经常的对操作系统进行安全更新等。

② 安装系统安全保护软件、杀毒软件和防火墙软件。

系统安全保护软件能够对用户的计算机进行全面的安全检查，并提示可能存在的安全隐患。同时它还提供了相关的系统维护功能，如清理系统垃圾、清理使用痕迹和管理应用软件等，有的还提供了木马扫描和实时监控等功能。360 安全卫士是目前较常用的系统安全保护软件。

杀毒软件能够预防病毒的感染，并对病毒进行查杀。由于病毒的产生和更新速度非常快，因此在使用杀毒软件时要注意随时更新病毒库和进行软件升级，才能有效地进行病毒的查杀。目前常用的杀毒软件有瑞星杀毒软件、卡巴斯基反病毒软件和金山毒霸等。

防火墙软件能够有效地防止通过网络进行的恶意访问，过滤掉不安全的数据请求等，还能保护连接到网络上的计算机的系统安全。目前常用的防火墙有费尔防火墙、天网防火墙和瑞星防火墙等。

（3）教师讲授知识产权的相关知识。

知识产权是指人们基于自己创造性智力的劳动成果和在经济管理活动中所产生的经验、方法等在法律上所享有的专有权利。知识产权一般分为两大部分，工业产权和著作权。

工业产权又称工业所有权，是指人们依照法律对应用于生产和流通中的创造发明和显著标记等智力成果，在一定期限和地区内享有的专有权。工业产权包括专利权、商标权、集成电路布图设计权、制止不正当竞争等。

著作权又称为版权，是指自然人、法人或者其他组织对文学、艺术或科学作品依法享有的财产权利和人身权利的总称。著作权包括文学、艺术和科学作品权，演出、录音和录像作品权，以及计算机软件著作权等。

3．学生讨论（10 分钟）

（1）教师提出讨论的问题。什么是信息安全？影响信息安全的主要因素有哪些？计算机病毒有哪几种类型？你在计算机的日常使用过程中遇到过哪些类型的病毒？如何预防和处理计算机病毒？什么是知识产权？

（2）学生以小组为单位进行讨论。

（3）教师在此过程中不讲授任何内容，完全由学生带着问题自己来完成讨论过程，教师只充当咨询师的角色，并认真检查记录学生讨论的情况，以便考核学生。

4．完成工作任务（10 分钟）

学生整理小组讨论的结果。

5．总结评价（10 分钟）

（1）教师依据学生讨论及完成的讨论记录，挑选出具有代表性的几个小组的工作成果，随机抽取几个学生对其进行点评，说出优点与不足之处。

（2）教师对任务完成情况进行总结。

（3）学生对自己完成的工作进行总结与反思，主要写出自己在小组讨论中的收获，并提交书面总结报告。

第 2 章　Window XP 操作系统的使用

任务 1——使用 Windows XP
任务 2——管理文件资料
任务 3——建立简单文档
任务 4——管理我的计算机
任务 5——维护我的计算机

任务 1——使用 Windows XP

教学单元设计实施方案

<table>
<tr><td colspan="2">教学单元名称</td><td>使用 Windows XP</td><td>课时</td><td>3 学时</td></tr>
<tr><td colspan="2" rowspan="2">所属章节</td><td>第 2 章　Windows XP 操作系统的使用</td><td rowspan="2">授课班级</td><td rowspan="2"></td></tr>
<tr><td>学习单元 2.1　使用 Windows XP
任务 1　启动与退出 Windows XP
任务 2　认识 Windows XP 界面</td></tr>
<tr><td colspan="2">任务描述</td><td colspan="3">小张在电子信息城购买计算机，看完计算机的硬件配置及价格后，售货员告诉他，不同的操作系统价格也不同，问他要安装什么操作系统。听了这话，小张一脸茫然，暗想：“操作系统？这我还真不知道，可别让人给骗了，还是先别买，赶快回家学会操作系统再来吧！”</td></tr>
<tr><td colspan="2">任务分析</td><td colspan="3">在使用一台预装有 Windows XP 操作系统的计算机完成工作前应首先熟悉操作系统的基本操作。完成本单元的学习主要有以下操作。
（1）Windows XP 操作系统的启动与退出。
（2）设置桌面图标。
（3）设置任务栏和开始菜单。
（4）操作 Windows XP 窗口及对话框。</td></tr>
<tr><td rowspan="3">教学目标</td><td>方法能力</td><td>（1）能够有效地获取、利用和传递信息。
（2）能够在工作中寻求发现问题和解决问题的途径。
（3）能够独立学习，不断获取新的知识和技能。
（4）能够对所完成工作的质量进行自我控制及正确评价。</td><td rowspan="3">考核方式</td><td rowspan="3">过程考核与终结考核
过程考核：小组设计成果（30%）、个人完成设置桌面图标及任务栏、开始菜单成果（30%）
终结考核：总结反思报告（40%）</td></tr>
<tr><td>社会能力</td><td>（1）在工作中能够良好沟通，掌握一定的交流技巧。
（2）公正坦诚、乐于助人，学会与人相处。
（3）做事认真、细致，有自制力和自控力。
（4）有较强的团队协作精神和环境意识。</td></tr>
<tr><td>专业能力</td><td>（1）能够通过多种方式启动与退出 Windows XP 操作系统。
（2）能够掌握设置桌面图标、任务栏及开始菜单的方法。
（3）能够通过窗口与计算机进行交互。</td></tr>
<tr><td>教学环境</td><td colspan="4">为每位学生配备的计算机应具备如下的软硬件环境。
软件环境：Windows XP。
硬件环境：海报纸、打印机（纸张）、投影屏幕、展示板。</td></tr>
</table>

教学单元设计实施方案架构

教学内容	教师行动	学生行动	组织方式	教学方法	资源与媒介	时间（分）
1. 任务提出	教师解释具体工作任务	接受工作任务	集中	引导文法	投影屏幕	10
	提问：在现实生活中，如何打开和关闭家用电器	思考如何开关常用电器（如电视机、DVD 等）				
2. 知识讲授与操作演示	教师讲解计算机操作系统的相关知识，使学生认识操作系统	认识了解 Windows XP 操作系统的由来与 Windows 操作系统的发展历史	集中	讲授	投影屏幕	30
	演示计算机的打开与退出	思考登录与退出操作系统的其他方式				
	演示安装 Windows XP 系统，以及更改系统桌面图标、任务栏和开始菜单的过程	精神集中，仔细观察教师的演示操作				
	演示常用窗口及对话框操作的过程	精神集中，仔细观察教师的演示操作				
3. 学生讨论	巡视检查、记录 回答学生提问	讨论其他打开和退出 Windows 系统的方式	分组（两人一组，随机组合）	头脑风暴	计算机	40
		掌握设置桌面图标的方法，能够根据教师的要求设置桌面图标、任务栏和开始菜单	分组（两人一组，随机组合）	头脑风暴	计算机	
		展示研究成果	分组（两人一组，随机组合）	可视化	海报纸、展示板	
4. 完成工作任务	巡视检查、记录	启动计算机，设置桌面图标、任务栏、开始菜单，退出计算机操作系统	独立	自主学习	计算机	20
5. 总结评价与提高	根据先期观察记录，挑选出具有代表性的几个小组的最终成品，随机抽取学生对其进行初步点评	倾听点评	分组、集中	自主学习	计算机和投影屏幕	20
	对任务完成情况进行总结（如快捷键等），拓展能力	倾听总结，对自己的整个工作任务的完成过程进行反思，并书写总结报告	集中	讲授、归纳总结法	计算机和投影屏幕	

教学单元设计实施方案细则

1．任务提出（10 分钟）
教师提出具体的工作任务——小张在电子信息城购买计算机，售货员问他要安装什么操作系统，于是小张决定先回家学习好操作系统再去购买计算机。 小张选择从 Windows XP 操作系统开始学习。首先要搞懂计算机操作系统的启动与退出，就是人们通常说的开机与关机。然后设置操作系统的桌面，再使用操作系统的图形界面来与计算机进行交互。 使学生明确要完成开关机及与计算机简单交互这样一个任务。 提问：在现实生活中，如何开关家用电器，如电视机？
2．知识讲授与操作演示（30 分钟）
（1）教师讲授操作系统相关知识。 背景资料：Windows XP 概述 操作系统（Operating System，OS）是管理计算机软硬件资源，并为用户提供操作环境的系统软件，是计算机系统的内核与基石。它可使计算机系统所有资源最大限度地发挥作用，也为用户提供了方便、有效、友善的服务界面。 Windows XP 中文全称为视窗操作系统体验版，是微软公司发布的一款视窗操作系统。它发行于 2001 年 10 月 25 日，原来的名称是 Whistler。 微软最初发行了两个版本，家庭版（Home）和专业版（Professional）。家庭版的消费对象是家庭用户，专业版则在家庭版的基础上添加了新的面向商业的网络认证和双处理器等特性。家庭版只支持 1 个处理器，专业版则支持 2 个处理器。字母 XP 表示英文单词的“体验（Experience）”。 Windows XP 是基于 Windows 2000 代码的产品，并拥有一个新的用户图形界面，叫做月神（Luna）。它包括了一些细微的修改，其中一些看起来是从 Linux 的桌面环境（如 KDE）中获得的灵感，带有用户图形的登录界面就是一个例子。此外，Windows XP 还引入了一个“基于任务”的用户界面，使得工具条可以访问任务的具体细节。 它包括了简化了的 Windows 2000 的用户安全特性，并整合了防火墙，以解决长期以来一直困扰微软的安全问题。 Windows XP 的最低系统要求：计算机使用时钟频率为 300MHz 或更高的处理器；使用 Intel Pentium/Celeron 系列、AMD K6/Athlon/Duron 系列或兼容的处理器；使用 128MB RAM 或更高（最低支持 64MB，可能会影响性能和某些功能）；1.5GB 可用硬盘空间；SuperVGA（800×600）或分辨率更高的视频适配器和监视器；CD-ROM 或 DVD 驱动器；键盘和 Microsoft 鼠标或兼容的指针设备。 背景资料：Windows XP 启动过程 从按下计算机开关启动计算机，到登录到桌面完成启动，一共经过了以下几个阶段。 ① 预引导（Pre-Boot）阶段；② 引导阶段；③ 加载内核阶段；④ 初始化内核阶段；⑤ 登录。 （2）教师演示计算机的打开、登录系统与退出系统，只演示最基本的打开及退出操作系统的方法。 提问：请随机组成小组（两人一组），大家一起来讨论有没有其他的打开与退出 Windows XP 操作系统的方式。 （3）教师全程演示 Windows XP 系统的安装过程，以及更改系统桌面图标、任务栏和开始菜单的方法。 在演示完设置后，让学生根据要求自行设置自己计算机的桌面图标、任务栏和开始菜单，以增强学生动手设置的兴趣。

（4）教师演示常用窗口和对话框操作的全过程，主要演示窗口的最大化和最小化、窗口缩放、工具栏使用、滚动条使用及对话框的元素设置等。
3．学生讨论（40 分钟）
（1）学生随机每 3 人组成一个研究讨论小组，每组自行选出组长。由组长主持讨论打开和退出 Windows XP 操作系统的其他方式（快捷键、直接按电源按钮等），同时讨论完成设置桌面图标、任务栏和开始菜单的多种方法。 （2）学生以小组为单位展示自己小组的研究成果。 （3）教师在此过程中不讲授任何内容，完全由学生带着问题自己来完成讨论过程，教师只充当咨询师的角色，并认真检查、记录学生讨论的情况，以便考核学生。
4．完成工作任务（20 分钟）
学生利用小组讨论掌握的方法，首先启动计算机操作系统，登录完毕后开始根据自己的习惯设置桌面图标、任务栏和开始菜单，完成后退出操作系统。 注：仔细观察学生设置桌面图标、任务栏及开始菜单的操作方式，是使用了拓展方式，如快捷键、右键菜单等。
5．总结评价与提高（20 分钟）
总结评价 （1）教师依据学生讨论及完成工作过程中的行动记录，挑选出具有代表性的几个小组的工作成果，随机抽取几个学生对其进行点评，说出优点与不足之处。 教师总结：体会打开和关闭家用电器（如电视机等）与启动和关闭计算机的不同（硬件关闭与软件关闭）。 注意：不能在没有完全退出系统时关闭计算机电源，否则容易导致硬件故障，尤其会造成硬件损伤。 （2）教师总结与学生总结相结合，对启动和关闭计算机的简便方式进行总结（如快捷键和 BIOS 设置开机快捷键等），以提高工作效率。 （3）学生对自己完成的工作进行总结与反思，主要写出自己在小组讨论与完成工作任务的过程中的收获，并提交书面总结报告。 提高 更改“我的电脑”图标的样式（回答正确，且操作讲解明白的学生，可酌情给予 3～5 分的加分）。

任务2——管理文件资料

教学单元设计实施方案

<table>
<tr><td colspan="2">教学单元名称</td><td>管理文件资料</td><td>课时</td><td>4学时</td></tr>
<tr><td colspan="2">所属章节</td><td>第2章　Windows XP操作系统的使用
学习单元2.2　管理文件资料
任务1　使用资源管理器
任务2　管理我的文件</td><td>授课班级</td><td></td></tr>
<tr><td colspan="2">任务描述</td><td colspan="3">小张已经掌握了计算机操作系统的基本操作方法。但是使用计算机一段时间后，他发现存储在计算机中的文件和文件夹越来越多，经常要花很多时间才能找到想要找的文件，这就需要利用“资源管理器”来管理好文件信息。</td></tr>
<tr><td colspan="2">任务分析</td><td colspan="3">使用Windows XP系统中的“资源管理器”来管理计算机中的资料，完成本任务主要有以下操作。
（1）资源管理器的启动与退出。
（2）使用资源管理器管理文件资料。</td></tr>
<tr><td rowspan="3">教学目标</td><td>方法能力</td><td>（1）能够有效地获取、利用和传递信息。
（2）能够在工作中寻求发现问题和解决问题的途径。
（3）能够独立学习，不断获取新的知识和技能。
（4）能够对所完成工作的质量进行自我控制及正确评价。</td><td rowspan="3">考核方式</td><td rowspan="3">过程考核与终结考核
过程考核：小组设计成果（30%）、个人完成整理文件工作成果（30%）
终结考核：总结反思报告（40%）</td></tr>
<tr><td>社会能力</td><td>（1）在工作中能够良好沟通，掌握一定的交流技巧。
（2）公正坦诚、乐于助人，学会与人相处。
（3）做事认真、细致，有自制力和自控力。
（4）有较强的团队协作精神和环境意识。</td></tr>
<tr><td>专业能力</td><td>（1）能够通过多种方式启动与退出资源管理器。
（2）能够设置文件及文件夹的显示方式。
（3）能够使用资源管理器对文件进行复制、剪切、粘贴、重命名和删除等操作。
（4）能够通过多种方式进行文件操作（如菜单、工具栏、快捷键、右键菜单等）。</td></tr>
<tr><td colspan="2">教学环境</td><td colspan="3">为每位学生配备的计算机应具备如下的软硬件环境。
软件环境：Windows XP（要求硬盘内有“素材”文件夹，内含未分类的文档、视频、音频等文件资料）。
硬件环境：海报纸、打印机（纸张）、投影屏幕、记号笔、Bug记录卡、关键词卡片及展示板。</td></tr>
</table>

教学单元设计实施方案架构

教学内容	教师行动	学生行动	组织方式	教学方法	资源与媒介	时间（分）
1．任务提出	教师解释具体工作任务	接受工作任务	集中	引导文法	投影屏幕	20
	提问：在现实生活中，如何规划、存放自己的物品，如书籍、衣物等	思考如何分类管理物品（利用容器，如抽屉、盒子等分类存放）				
2．知识讲授与操作演示	教师讲解文件系统的概念及相关知识，使学生理解文件目录结构	思考如何设计目录结构	集中	讲授	投影屏幕	30
	演示资源管理器的使用	掌握打开和退出资源管理器的方式 掌握设置文件显示方式的方法 掌握复制、剪切、粘贴、重命名等文件操作的方法				
3．学生讨论	巡视检查、记录 回答学生提问	讨论其他打开和退出资源管理器的方式	分组（4 人一组，随机组合）	头脑风暴	计算机	50
		掌握多种实现文件操作（复制、剪切、粘贴、重命名等）的方式，如通过主菜单、右键菜单、快捷键、工具栏按钮等		头脑风暴	计算机	
		设计出资料存储的目录结构，使用海报纸展示小组设计成果		可视化	海报纸和展示板	
4．完成工作任务	巡视检查、记录	利用各种文件操作方法依据设计成果将素材文件夹中的文件分类整理好	独立	自主学习	计算机	20
5．总结评价与提高	根据先期观察记录，挑选出具有代表性的几个小组的管理文件的最终作品，随机抽取学生对其进行初步点评	倾听点评	分组、集中	自主学习	计算机和投影屏幕	40
	对文件操作过程中的简便方式进行总结（如快捷键、拖曳等）	倾听总结，对自己的整个工作任务的完成过程进行反思，并书写总结报告	集中	讲授、归纳总结法	计算机和投影屏幕	

教学单元设计实施方案细则

1．任务提出（20 分钟）

教师提出具体的工作任务——小张已经掌握了计算机操作系统的基本操作方法。但是使用计算机一段时间后，他发现存储在计算机硬盘中的文件和文件夹越来越多，经常要花很多时间才能找到想要找的文件，这就需要利用“资源管理器”来管理好文件信息。

此时，教师请学生打开机器的硬盘，浏览“素材”文件夹，学生看到的是没有任何分类的杂乱无章地存放着的各种不同格式的文件，查找某个文件非常耗时。要使学生明确这是一个整理硬盘上的各种资料信息的任务。

提问：在现实生活中，如何规划、存放自己的物品，如书籍、衣物等？

2．知识讲授与操作演示（30 分钟）

（1）教师讲授文件系统的基本概念。

背景资料：文件与文件夹的概念

打开资源管理器，观察文件夹、文件的名称和图标，用日常生活中东西的存、取类比文件和文件夹。

所谓“文件”，就是在计算机中，以实现某种功能或某个软件的部分功能为目的而定义的一个单位。

文件：计算机中的文件可以是文档、程序、快捷方式和设备。文件是由文件名和图标组成的，一种类型的文件具有相同的图标，文件名不能超过 255 个字符（包括空格）。每一个文件必须有一个文件名。文件名是由文件主名和文件扩展名两部分组成的。主名通常是文件创建者为标识文件而取的，一般可以修改。文件扩展名通常用来表示文件的类型，一般不能修改。文件名的格式为“文件主名.扩展名”。

计算机磁盘空间里面为了分类储存电子文件而建立了独立路径的目录，“文件夹”就是一个目录名称，可以暂且称为“电子文件夹”；它提供了指向对应磁盘空间的路径地址，它没有扩展名，但它有几种类型，如文档、图片、相册、音乐、音乐集等。

背景资料：文件命名规则

Windows 突破了 DOS 对文件命名规则的限制，允许使用长文件名，其主要命名规则为文件名最长可以使用 255 个字符。

可以使用扩展名，扩展名用来表示文件类型，也可以使用多间隔符的扩展名，如 win.ini.txt 是一个合法的文件名，但其文件类型由最后一个扩展名决定。

文件名中允许使用空格，但不允许使用（英文输入法状态）< > / \ | : " * ?字符。Windows 系统对文件名中字母的大小写在显示时有不同，但在使用时不区分大小写。

背景资料：常用文件类型与扩展名

经常接触的扩展名有 doc（Word 文档，用微软的 Word 等软件打开）、wps（WPS 文档，用金山公司的 WPS 软件打开）、xls（Excel 电子表格，用微软的 Excel 软件打开）、ppt（PowerPoint 演示文稿，用微软的 PowerPoint 等软件打开）、jpg（图片文件）、txt（纯文本文件，用记事本、写字板、Word 等都可以打开）、rar（WinRAR 压缩文件，用 WinRAR 打开）、htm（网页文件，用浏览器打开）、pdf（用 PDF 阅读器打开、用 PDF 编辑器编辑）、dwg（CAD 图形文件，用 AutoCAD 等软件打开）等。

扩展名	文件类型	扩展名	文件类型	扩展名	文件类型
.EXE	可执行文件	.ZIP 或.RAR	压缩文件	.WAV	波形声音文件
.SYS	系统文件	.BAT	批处理文件	.AVI	影音文件
.TXT	文本文件	.DOC	Word 文档文件	.MP3	音频压缩文件
.DAT	数据文件	.C	C 语言程序文件	.JPG	图片文件

（2）教师演示资源管理器的使用：演示最基本的打开及退出资源管理器的方法，设置文件显示方式的方法，以及复制、剪切、粘贴、重命名等操作方法。

提问：请随机组成小组（4 人一组），大家一起来讨论有没有其他的打开与退出资源管理器的方法，然后再看看除了菜单方式能够完成复制、剪切、粘贴、重命名等文件操作以外还有什么其他简便的方式可实现同样的文件操作？

3．学生讨论（50 分钟）

（1）学生随机每 4 人组成一个研究讨论小组，每组自行选出组长。由组长主持讨论打开和退出资源管理器的其他方式，以及实现文件操作的其他方式。

（2）学生以小组为单位展示自己小组设计的资料存储目录结构，用海报纸画出目录层级关系图。

学生作品如右表。

（3）教师在此过程中不讲授任何内容，完全由学生带着问题自己来完成讨论过程，教师只充当咨询师的角色，并认真检查记录学生讨论的情况，以便考核学生。

学习资料	文档资料	Java
		Net
	视频资料	英语讲座
		网页制作
	音频资料	
个人娱乐	游戏	
	电影	
	music	
照片	旅游照片	
	同学聚会	
	大头照	

4．完成工作任务（20 分钟）

学生利用小组讨论掌握的各种文件操作方法，对一开始教师给出的素材文件夹中杂乱存放着的各种类型的文件，进行分类整理，以满足方便归类查找文件的要求。文件目录结构如右图。

注：仔细观察学生文件操作的方式，是否有拓展方式（如快捷键、右键菜单等）。

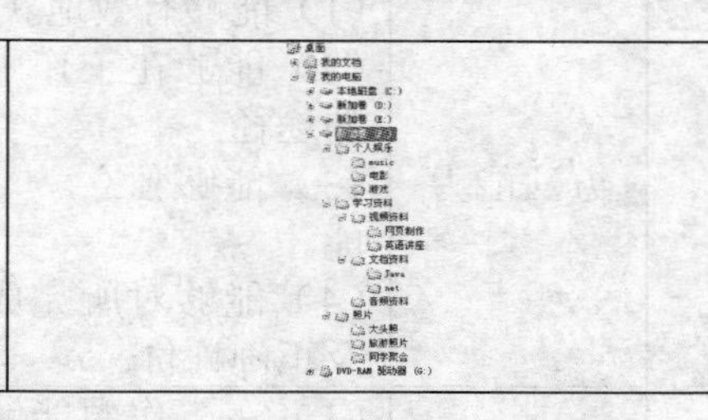

5．总结评价与提高（40 分钟）

总结评价

（1）教师依据学生讨论及完成工作过程中的行动记录，挑选出具有代表性的几个小组的工作成果，随机抽取几个学生对其进行点评，说出优点与不足之处。

教师总结：控制文件夹与文件的数目。文件夹里的文件数目不应当过多，一个文件夹里面有 50 个以内的文件数是比较容易浏览和检索的。如果超过 100 个文件，浏览和打开的速度就会变慢且不方便查看。

注意结构的级数。分类的细化必然带来结构级别的增多。级数越多，检索和浏览的效率就会越低，建议整个结构最好控制在二、三级。

文件和文件夹的命名。为文件和文件夹取一个好名字至关重要，但什么是好名字，却没有固定的含义。一般是指以最短的词句描述此文件夹的类别和作用，能让用户不需要打开就知道文件夹中的大概内容，要为计算机中所有的文件和文件夹使用统一的命名规则（可以加一些特殊的标志符，让它们排在前面）。

注意分开要处理的与已经完成的文件。

（2）教师总结与学生总结相结合，对文件操作过程中的简便方式进行总结（如快捷键、拖曳等），掌握针对不同文件操作的简便方法，提高工作效率。

（3）学生对自己完成的工作进行总结与反思，主要写出自己在小组讨论与完成工作任务的过程中的收获，并提交书面总结报告。

提高

文件排序、文件搜索、文件改名、文件或文件夹的隐藏与只读等提高内容，可以让学生以抢答的方式回答（回答正确，并能操作讲解明白，可酌情给予 3～5 分的加分）。

任务3——建立简单文档

教学单元设计实施方案

<table>
<tr><td colspan="2">教学单元名称</td><td>建立简单文档</td><td>课时</td><td>3 学时</td></tr>
<tr><td colspan="2" rowspan="2">所属章节</td><td>第 2 章　Windows XP 操作系统的使用</td><td rowspan="2">授课班级</td><td rowspan="2"></td></tr>
<tr><td>学习单元 2.3　建立简单文档
任务 1　使用写字板
任务 2　画图</td></tr>
<tr><td colspan="2">任务描述</td><td colspan="3">学习了文件资料的管理方法，小张对操作系统越来越感兴趣了，他想能不能自己建立一些所需的文件，然后再统一进行管理呢？Windows XP 自带的程序，如字处理程序写字板与记事本、位图处理软件画图等，都可以让用户快速建立简单的文档。</td></tr>
<tr><td colspan="2">任务分析</td><td colspan="3">利用 Windows XP 自带的程序建立简单文档，主要有以下操作。
（1）使用写字板创建文本文档，并输入相应内容。
（2）利用画图程序创建图像文件。</td></tr>
<tr><td rowspan="3">教学目标</td><td>方法能力</td><td>（1）能够有效地获取、利用和传递信息。
（2）能够在工作中寻求发现问题和解决问题的途径。
（3）能够独立学习，不断获取新的知识和技能。
（4）能够对所完成工作的质量进行自我控制及正确评价。</td><td rowspan="3">考核方式</td><td rowspan="3">过程考核与终结考核
过程考核：小组设计成果（30%）、个人完成文字输入及绘图作品工作成果（30%）
终结考核：总结反思报告（40%）</td></tr>
<tr><td>社会能力</td><td>（1）在工作中能够良好沟通，掌握一定的交流技巧。
（2）公正坦诚、乐于助人，学会与人相处。
（3）做事认真、细致，有自制力和自控力。
（4）有较强的团队协作精神和环境意识。</td></tr>
<tr><td>专业能力</td><td>（1）能够使用写字板和画图程序建立简单文档。
（2）掌握中英文输入法的使用方法。</td></tr>
<tr><td>教学环境</td><td colspan="4">为每位学生配备的计算机应具备如下的软硬件环境。
软件环境：Windows XP（要求安装微软拼音输入法、搜狗拼音输入法、五笔字型输入法、文章截图）。
硬件环境：海报纸、打印机（纸张）、投影屏幕、记号笔、Bug 记录卡、关键词卡片及展示板。</td></tr>
</table>

教学单元设计实施方案架构

<table>
<tr><th>教学内容</th><th>教师行动</th><th>学生行动</th><th>组织方式</th><th>教学方法</th><th>资源与媒介</th><th>时间（分）</th></tr>
<tr><td rowspan="2">1. 任务提出</td><td>教师展示一些电子绘画作品，解释具体工作任务</td><td>欣赏作品，接受任务</td><td rowspan="2">集中</td><td rowspan="2">引导文法</td><td rowspan="2">投影屏幕</td><td rowspan="2">10</td></tr>
<tr><td>提问：喜欢这些作品吗？想自己动手制作绘画作品吗？</td><td>思考，回答老师的问题</td></tr>
<tr><td rowspan="3">2. 知识讲授与操作演示</td><td>教师讲解输入法的相关知识</td><td>思考：如何更改输入法</td><td rowspan="3">集中</td><td rowspan="3">讲授</td><td rowspan="3">投影屏幕</td><td rowspan="3">30</td></tr>
<tr><td>演示写字板的启动与使用方法</td><td>精神集中，仔细观察教师的演示操作</td></tr>
<tr><td>演示画图程序的基本操作方法</td><td>精神集中，仔细观察教师的演示操作</td></tr>
<tr><td rowspan="3">3. 学生讨论</td><td rowspan="3">巡视检查、记录
回答学生提问</td><td>讨论画图程序的综合应用</td><td>分组（4 人一组，随机组合）</td><td>头脑风暴</td><td>计算机</td><td rowspan="3">30</td></tr>
<tr><td>掌握至少一种中文输入法的使用方法</td><td>分组（4 人一组，随机组合）</td><td>头脑风暴</td><td>计算机</td></tr>
<tr><td>设计绘图作品的基本结构，使用海报纸展示小组设计效果</td><td>分组（4 人一组，随机组合）</td><td>可视化</td><td>海报纸和展示板</td></tr>
<tr><td rowspan="2">4. 完成工作任务</td><td rowspan="2">巡视检查、记录</td><td>利用一种中文输入法在写字板中输入教师指定的文章</td><td rowspan="2">独立</td><td rowspan="2">自主学习</td><td rowspan="2">计算机</td><td rowspan="2">20</td></tr>
<tr><td>根据绘图作品的设计效果，利用绘图程序进行详细绘制</td></tr>
<tr><td rowspan="2">5. 总结评价与提高</td><td>根据先期观察记录，挑选出具有代表性的几个小组的最终作品，随机抽取学生对其进行初步点评</td><td>倾听点评</td><td>分组、集中</td><td>自主学习</td><td>计算机和投影屏幕</td><td rowspan="2">30</td></tr>
<tr><td>对输入法切换及绘图操作的简便方式进行总结（如快捷键）</td><td>倾听总结，对自己的整个工作任务的完成过程进行反思，并书写总结报告</td><td>集中</td><td>讲授、归纳总结法</td><td>计算机和投影屏幕</td></tr>
</table>

教学单元设计实施方案细则

1．任务提出（10分钟）

教师提出具体的工作任务——学习了文件资料的管理方法，小张对操作系统越来越感兴趣了，他想能不能自己建立一些所需的文件，然后再统一进行管理呢？Windows XP自带的程序，如字处理程序写字板与记事本、位图处理软件画图等，都可以使用户快速建立简单文档。使学生明确具体的学习任务。

教师展示一些电子绘画作品。

提问：喜欢这些作品吗？想自己动手制作绘画作品吗？

2．知识讲授与操作演示（30分钟）

（1）教师讲授输入法及汉字编码的相关知识。

背景资料：中英文输入法的使用

目前常用的中文输入法有搜狗拼音输入法、谷歌拼音输入法、微软拼音输入法、智能ABC输入法、全拼、郑码、增强区位输入法等，还可以使用外挂的五笔字型输入法（王码）和紫光拼音输入法等。

① 微软拼音输入法。

微软拼音输入法2007是微软拼音输入法的最新版本，已随Office 2007一起发布。

当用户连续输入一连串汉语拼音时，微软拼音输入法通过语句的上下文自动选取最合适的字词。但有时自动转换的结果与用户希望的结果有所不同，以致出现错误的字词，这时可以使用光标键将光标移到错误字词处，在候选窗口中选择正确的字词，修改完后按【Enter】键确认即可。

使用微软拼音输入法时，如果词库中没有所输入的词组，这时可以逐个字进行选择，当输入一次该词组后，它会自动加入词库中，以后再输入该词组时，该词组会出现在列表中。

例如，若要输入“青岛国际啤酒节”则可以在写字板中单击鼠标后，连续输入“qingdaoguojipijiujie”，按下空格键或【Enter】键确认即可。

② 搜狗拼音输入法。

搜狗拼音输入法（简称搜狗输入法、搜狗拼音）是搜狐公司推出的一款汉字拼音输入法软件，是目前国内主流的拼音输入法之一。它号称是当前网上最流行、用户好评率最高、功能最强大的拼音输入法。搜狗输入法与传统输入法不同的是，它采用了搜索引擎技术，是第二代的输入法。由于采用了搜索引擎技术，搜狗拼音输入法的输入速度有了质的飞跃，在词库的广度、词语的准确度上，都远远领先于其他输入法。

③ 五笔字型输入法。

五笔字型输入法是众多输入法中的一种，它采用了字根拼形输入方案，即根据汉字组字的特点，将汉字的基本笔画分为横、竖、撇、捺、折5种，并把一个汉字拆成若干字根，用字根输入，然后由计算机拼成汉字。例如，“明”字由“日”和“月”构成，“日”和“月”为字根。目前，最具代表性的五笔字型输入法有王码五笔、陈桥五笔、万能五笔和极品五笔等。

背景资料：汉字编码方法

① 汉字的输入。

为统一标准，1981年我国公布了《信息交换用汉字编码字符集——基本集》（GB2312—80）。在此标准中，共收录了6 763个常用汉字，其中较常用的3 755个汉字组成一级字库，按拼音顺序排列；其余3 008个汉字组成二级字库，按部首顺序排列。有了这个基本集，就可将这一定数量汉字集内的每个汉字编成相应的一组英文或数字代码，使其能直接使用西文键盘输入汉字了。

② 汉字的存储。

在实际汉字系统中，都是用两个字节来表示一个汉字的，即一个汉字对应两个字节的二进制码。也就是说，用两个字节对汉字进行编码，并将汉字编入标准汉字代码中，输入计算机的就是这两个字节的汉字代码，存储亦然。

③ 汉字的输出。

在计算机上，大多数的文字或图形的形状都是用“点”来描述的。存储这些点由 1 和 0 来实现，输出时，计算机把 1 解释成“有点”，把 0 解释为“无点”。这样，汉字的点阵数据就与屏幕上的图形对应起来了。

（2）教师演示写字板及画图程序的基本操作方法，只演示最基本的启动及退出方法，以及画图程序基本图形的绘制方法。

请随机组成小组（4 人一组），大家一起来讨论输入法的切换方法。

3．学生讨论（30 分钟）

（1）学生随机每 4 人组成一个研究讨论小组，每组自行选出组长。由组长主持讨论绘图程序的综合应用方法。

（2）学生以小组为单位展示小组设计的绘图作品结构，用海报纸画出作品的基本轮廓。

（3）教师在此过程中不讲授任何内容，完全由学生带着问题自己来完成讨论过程，教师只充当咨询师的角色，并认真检查、记录学生讨论的情况，以便考核学生。

4．完成工作任务（20 分钟）

（1）学生利用一种输入法，运用写字板输入教师指定的文章。

（2）学生利用小组讨论掌握的绘图程序的综合应用方法，根据小组设计的绘图作品的基本结构进行绘制。

注：仔细观察学生文件操作的方式，是否有拓展方式（如快捷键、右键菜单等）。

5．总结评价与提高（30 分钟）

总结评价

（1）教师依据学生讨论及完成工作过程中的行动记录，挑选出具有代表性的几个小组的工作成果，随机抽取几个学生对其进行点评，说出优点与不足之处。

教师总结：输入法切换的快捷方式。

在画图程序里使用直线、矩形、椭圆和圆角矩形工具按钮的过程中，如果按住【Shift】键拖动鼠标，则能绘制出水平线（垂直线、45°倾斜直线）、正方形、圆和圆角正方形。

（2）教师总结与学生总结相结合，对输入法切换及绘图程序操作中的简便方式进行总结（如快捷键、右键快捷菜单等），掌握简便的操作方法，提高工作效率。

（3）学生对自己完成的工作进行总结与反思，主要写出自己在小组讨论与完成工作任务的过程中的收获，并提交书面总结报告。

提高

利用绘图程序绘制树的水中倒影（操作正确，并能讲解明白，可酌情给予 3～5 分的加分）。

任务 4——管理我的计算机

教学单元设计实施方案

<table>
<tr><td colspan="2">教学单元名称</td><td>管理我的计算机</td><td>课时</td><td>4 学时</td></tr>
<tr><td colspan="2" rowspan="2">所属章节</td><td>第 2 章　Windows XP 操作系统的使用</td><td rowspan="2">授课班级</td><td rowspan="2"></td></tr>
<tr><td>学习单元 2.4　管理我的计算机
任务 1　设置系统属性
任务 2　软件的安装与卸载</td></tr>
<tr><td colspan="2">任务描述</td><td colspan="3">在工作、生活和学习中，我们都希望把自己周围的环境布置得美观、舒适且富有个性。Windows XP 为我们提供了自己设置工作环境的功能，如设置喜欢的“桌面”背景、根据操作习惯设置鼠标的属性、安装所需的软件等，使工作界面符合自己的需要，形成独特的工作环境。</td></tr>
<tr><td colspan="2">任务分析</td><td colspan="3">利用控制面板中的工具，用户能根据自己的喜好和实际需要，对计算机的系统资源进行相应的设置，从而更方便、更有效地使用计算机。完成本任务主要有以下操作。
（1）使用控制面板配置系统。
（2）安装与使用 WinRAR 软件。</td></tr>
<tr><td rowspan="3">教学目标</td><td>方法能力</td><td>（1）能够有效地获取、利用和传递信息。
（2）能够在工作中寻求发现问题和解决问题的途径。
（3）能够独立学习，不断获取新的知识和技能。
（4）能够对所完成工作的质量进行自我控制及正确评价。</td><td rowspan="3">考核方式</td><td rowspan="3">过程考核与终结考核
过程考核：小组讨论及设计成果（30%）、个人完成系统属性设置及 WinRAR 软件的文件压缩工作成果（30%）
终结考核：总结反思报告（40%）</td></tr>
<tr><td>社会能力</td><td>（1）在工作中能够良好沟通，掌握一定的交流技巧。
（2）公正坦诚、乐于助人，学会与人相处。
（3）做事认真、细致，有自制力和自控力。
（4）有较强的团队协作精神和环境意识。</td></tr>
<tr><td>专业能力</td><td>（1）能够掌握使用控制面板配置系统的方法，如显示属性、鼠标、输入法的设置等。
（2）能够掌握安装和卸载常用应用程序的方法。
（3）能够使用压缩工具软件。
（4）能够安装打印机等外部设备驱动程序。</td></tr>
<tr><td>教学环境</td><td colspan="4">为每位学生配备的计算机应具备如下的软硬件环境。
软件环境：Windows XP、桌面背景图片、WinRAR 安装程序。
硬件环境：海报纸、打印机（纸张）、投影屏幕、记号笔、Bug 记录卡、关键词卡片及展示板。</td></tr>
</table>

教学单元设计实施方案架构

教学内容	教师行动	学生行动	组织方式	教学方法	资源与媒介	时间（分）
1. 任务提出	教师解释具体工作任务	接受工作任务	集中	引导文法	投影屏幕	20
	提问：为了形成自己独特的工作环境，可以对 Windows XP 系统进行哪些设置呢	思考可以进行哪些工作环境的设置（如设置桌面背景、屏幕保护程序、鼠标操作属性等）				
2. 知识讲授与操作演示	教师讲解使用控制面板配置系统工作环境的基本方法	掌握控制面板的功能及利用控制面板设置系统属性的方法	集中	讲授	投影屏幕	40
	演示键盘、鼠标属性的设置方法	精神集中，仔细观察教师的演示操作				
	演示更改桌面主题及背景的过程	精神集中，仔细观察教师的演示操作				
	演示 WinRAR 的安装与使用方法	掌握软件的安装方法，会使用 WinRAR 压缩软件				
3. 学生讨论	巡视检查、记录 回答学生提问	掌握设置桌面主题及背景的方法，能够将教师提供的图片设置为桌面背景	分组（4人一组，随机组合）	头脑风暴	计算机	50
		讨论利用控制面板设置系统其他属性的方法（如输入法、日期时间等）	分组（4人一组，随机组合）	头脑风暴	计算机	
		能自主安装、卸载 WinRAR 压缩软件，并能对教师提供的素材进行压缩和解压缩处理	分组（4人一组，随机组合）	头脑风暴	计算机	
		展示研究成果	分组（4人一组，随机组合）	可视化	海报纸和展示板	
4. 完成工作任务	巡视检查、记录	设置桌面背景、键盘鼠标属性，安装 WinRAR 压缩软件，并对教师提供的桌面背景文件夹进行压缩处理	独立	自主学习	计算机	20

5. 总结评价与提高	根据先期观察记录，挑选出具有代表性的几个小组的最终成品，随机抽取学生对其进行初步点评	倾听点评	分组、集中	自主学习	计算机和投影屏幕	30
	对任务完成情况进行总结（如快捷键），拓展能力	倾听总结，对自己的整个工作任务的完成过程进行反思，并书写总结报告	集中	讲授、归纳总结法	计算机和投影屏幕	

教学单元设计实施方案细则

1．任务提出（20 分钟）
教师提出具体的工作任务——在工作、生活和学习中，我们都希望把自己周围的环境布置得美观、舒适又富有个性。Windows XP 为我们提供了自己设置工作环境的功能，如设置喜欢的“桌面”背景、根据操作习惯设置鼠标的属性、安装所需的软件等，使工作界面符合自己的需要，形成独特的工作环境。使学生明确学习任务是设置系统属性。 提问：为了形成自己独特的工作环境，可以对 Windows XP 系统进行哪些设置呢？
2．知识讲授与操作演示（40 分钟）
（1）教师讲授控制面板及软件安装的基本知识。 背景资料：控制面板 控制面板是 Windows 系统提供给用户的一组应用程序，利用其中的工具，用户能根据自己的喜好和实际需要，对计算机的系统资源进行相应的设置，以便方便、有效地使用计算机。 在 Windows XP 中可以通过“切换到分类视图”选项在控制面板的经典视图和分类视图间进行切换。 背景资料：安装软件 Windows 的应用软件通常来自 CD 光盘或网络，从网络下载到本地计算机的应用软件通常是一个压缩文件（软件包），解开压缩文件后的文件大都存放在一个文件夹中。不管是来自 CD 光盘还是下载到硬盘（已解压缩）的应用软件通常都带有一个名为 setup.exe 的安装文件，双击该文件便可启动安装向导，用户可根据向导对话框的提示选择安装目录、组件等。有些应用程序光盘上带有自动播放程序 autorun.inf，当将光盘插入 CD-ROM 驱动器后，系统会自动播放光盘上的内容或运行安装程序。 （2）教师演示设置键盘、鼠标属性的基本方法。 请随机组成小组（两人一组），大家一起来讨论键盘、鼠标属性的具体设置方法及效果。 （3）教师全程演示更改桌面主题及背景的过程。 教师事先提供学生较为感兴趣的一些图片（可以是游戏、动漫等主题的图片），在演示完设置桌面背景后，让学生自行设置自己计算机的桌面。增强学生动手设置的兴趣。 （4）教师演示 WinRAR 软件的安装及卸载过程，简单演示该软件的操作方法。 请随机组成小组（两人一组），大家一起来讨论 WinRAR 软件的使用方法。
3．学生讨论（50 分钟）
（1）学生随机每 4 人组成一个研究讨论小组，每组自行选出组长。由组长主持讨论键盘、鼠标属性的具体设置方法及效果。 （2）学生随机每 4 人组成一个研究讨论小组，每组自行选出组长。由组长主持讨论 WinRAR 软件的使用方法。 （3）学生以小组为单位展示自己小组的研究成果。 （4）教师在此过程中不讲授任何内容，完全由学生带着问题自己来完成讨论过程，教师只充当咨询师的角色，并认真检查记录学生讨论的情况，以便考核学生。
4．完成工作任务（20 分钟）
学生利用小组讨论掌握的各种操作方法，设置桌面背景、键盘鼠标属性、安装 WinRAR 压缩软件，并对教师提供的桌面背景文件夹进行压缩处理。 注：仔细观察学生设置桌面背景的操作方式，是否有拓展方式（如快捷键、右键菜单等）。

5．总结评价与提高（30 分钟）
总结评价 （1）教师依据学生讨论及完成工作过程中的行动记录，挑选出具有代表性的几个小组的工作成果，随机抽取几个学生对其进行点评，说出优点与不足之处。 教师总结：控制面板提供了丰富的专门用于更改 Windows 外观和行为方式的工具。其中包含了多个进行系统设置的应用程序图标，双击相应的图标即可启动相应的应用程序进行设置。 在“添加或删除程序”窗口中，有些程序可以通过单击“更改”按钮来进行修复或删除。目前，计算机常用的外部设备有打印机、扫描仪、摄像头、手写板等。在安装这些外部设备时，也必须安装相应的驱动程序。 在设置桌面背景时，不同位置的图片（居中、平铺、拉伸）显示效果也有所不同。 （2）教师总结与学生总结相结合，对系统工作环境的设置方法进行总结（如快捷键、右键快捷菜单等），掌握系统属性设置的快捷方法，提高工作效率。 （3）学生对自己完成的工作进行总结与反思，主要写出自己在小组讨论与完成工作任务的过程中的收获，并提交书面总结报告。 提高 安装本地打印机（操作正确，并能讲解明白，可酌情给予 3～5 分的加分）。

任务 5——维护我的计算机

教学单元设计实施方案

<table>
<tr><td colspan="2">教学单元名称</td><td>维护我的计算机</td><td>课时</td><td>5 学时</td></tr>
<tr><td colspan="2">所属章节</td><td>第 2 章　Windows XP 操作系统的使用
学习单元 2.5　维护我的计算机
任务 1　防治病毒
任务 2　数据的备份与恢复</td><td>授课班级</td><td></td></tr>
<tr><td colspan="2">任务描述</td><td colspan="3">随着信息技术的不断发展，以及网络的进一步普及，计算机在使用过程中面临越来越多的系统维护问题，如硬盘维护、数据的备份与恢复、病毒防范，以及用户管理权限的设置等。如果不能及时有效地处理好这些问题，将会给正常的学习、工作和生活带来影响。</td></tr>
<tr><td colspan="2">任务分析</td><td colspan="3">维护计算机包含多方面的工作，学习本任务的内容需主要完成以下几项操作。
（1）整理磁盘碎片及清理磁盘。
（2）使用 360 安全卫士防治计算机病毒。
（3）备份、还原数据。</td></tr>
<tr><td rowspan="3">教学目标</td><td>方法能力</td><td>（1）能够有效地获取、利用和传递信息。
（2）能够在工作中寻求发现问题和解决问题的途径。
（3）能够独立学习，不断获取新的知识和技能。
（4）能够对所完成工作的质量进行自我控制及正确评价。</td><td rowspan="3">考核方式</td><td rowspan="3">过程考核与终结考核
过程考核：小组讨论成果（30%）、个人完成工作成果（30%）
终结考核：总结反思报告（40%）</td></tr>
<tr><td>社会能力</td><td>（1）在工作中能够良好沟通，掌握一定的交流技巧。
（2）公正坦诚、乐于助人，学会与人相处。
（3）做事认真、细致，有自制力和自控力。
（4）有较强的团队协作精神和环境意识。</td></tr>
<tr><td>专业能力</td><td>（1）能够使用操作系统中自带的常用程序维护计算机系统。
（2）能够安装和使用病毒防治软件。
（3）能够进行数据的备份和恢复。</td></tr>
<tr><td>教学环境</td><td colspan="4">为每位学生配备的计算机应具备如下的软硬件环境。
软件环境：Windows XP（要求安装 360 安全卫士、Norton Ghost、一键还原精灵等软件，硬盘上备份瑞星、卡巴斯基等杀毒软件的安装程序）。
硬件环境：投影屏幕、记号笔、Bug 记录卡、关键词卡片及展示板。</td></tr>
</table>

教学单元设计实施方案架构

教学内容	教师行动	学生行动	组织方式	教学方法	资源与媒介	时间（分）
1．任务提出	教师解释具体工作任务	接受工作任务	集中	引导文法	投影屏幕	20
	提问：计算机使用一段时间之后，系统运行会越来越慢，计算机性能下降，如何解决	思考如何解决（如杀毒、清理无用的文件等）				
2．知识讲授与操作演示	教师讲解磁盘清理和磁盘管理的功能，以及计算机病毒的相关知识，使学生掌握系统维护的基本方法	思考常见的计算机病毒及其特点	集中	讲授	投影屏幕	60
	演示磁盘清理和磁盘整理程序的使用方法	掌握磁盘清理和磁盘整理的方法				
	演示 360 安全卫士的基本使用方法	掌握 360 安全卫士及其他杀毒软件的基本使用方法				
	演示利用系统工具备份及还原数据的方法	精神集中，仔细观察教师的演示操作				
3．学生讨论	巡视检查、记录 回答学生提问	讨论其他杀毒软件的使用方法（如瑞星、卡巴斯基等杀毒软件）	分组（4人一组，随机组合）	头脑风暴	计算机	60
		讨论系统备份的方法（如一键还原精灵、Norton Ghost 等）	分组（4人一组，随机组合）	头脑风暴	计算机	
		展示小组讨论成果，演示其他的防治病毒及备份、还原数据的方法	分组（4人一组，随机组合）	可视化	网络教室	
4．完成工作任务	巡视检查、记录	清理 C 盘垃圾文件，利用各种杀毒软件查杀系统病毒，备份“我的文档”	独立	自主学习	计算机	20
5．总结评价与提高	根据先期观察记录，挑选出具有代表性的几个小组的讨论成果，随机抽取学生对其进行初步点评	倾听点评	集中	自主学习	计算机和投影屏幕	40
	对杀毒软件的使用及系统备份还原的方法进行总结（如杀毒软件、数据备份等操作的技巧）	倾听总结，对自己的整个工作任务的完成过程进行反思，并书写总结报告	集中	讲授、归纳总结法	计算机和投影屏幕	

教学单元设计实施方案细则

1．任务提出（20 分钟）

教师提出具体的工作任务——随着信息技术的不断发展，以及网络的进一步普及，计算机在使用过程中面临越来越多的系统维护问题，如硬盘维护、数据的备份与恢复、病毒防范，以及用户管理权限的设置等。如果不能及时有效地处理好这些问题，将会给正常的学习、工作、生活带来影响。使学生明确要完成的学习任务。

提问：计算机使用一段时间之后，系统运行会越来越慢，计算机性能下降，如何解决？

2．知识讲授与操作演示（60 分钟）

（1）教师讲授磁盘管理、病毒防治及数据备份的基本知识。

背景资料：*磁盘碎片整理及磁盘清理*

① 磁盘碎片整理：磁盘碎片整理是指将计算机硬盘上的碎片文件和文件夹合并在一起，以便每一项在卷上分别占据单个和连续的空间。这样，系统就可以更有效地访问文件和文件夹，更有效地保存新的文件和文件夹了。

② 磁盘清理程序：能够释放硬盘驱动器空间，搜索用户计算机的驱动器，然后列出临时文件、Internet 缓存文件和可以安全删除的不需要的程序文件。

背景资料：*防治计算机病毒*

① 计算机病毒：实质上是指编制或在计算机程序中插入的破坏计算机的功能或数据、影响计算机使用，并能自我复制的一组计算机指令或程序代码。

② 计算机病毒的特点：一般具有可执行性、传染性、潜伏性、可触发性、针对性和隐蔽性等特性。

③ 计算机病毒的分类：常见的计算机病毒有网络蠕虫病毒、木马程序、文件型病毒、宏病毒和脚本病毒等。

④ 目前常用的防杀病毒软件：瑞星杀毒软件、江民杀毒软件、卡巴斯基、360 安全卫士、ESET NOD32 等。

⑤ 个人计算机防毒的基本方法如下。

- 慎用光盘、U 盘等移动存储介质。
- 正确使用反病毒软件，及时升级，并实时开启软件的监控功能。
- 对免费、共享软件先查毒后使用。
- 定期备份重要数据。
- 不要轻易打开电子邮件中的附件。
- 上网时，不要随易访问陌生网站，避免成为网络病毒的传播者。

背景资料：*备份、还原数据*

在计算机的使用过程中，要养成定期备份重要数据的习惯，以避免因不当操作导致数据丢失，给自己的学习和工作带来一定的麻烦。

（2）教师演示磁盘碎片整理程序、磁盘清理程序和 360 安全卫士的基本使用方法，以及数据备份与恢复的操作方法等，只演示最基本的操作方法。

请随机组成小组（4 人一组），大家一起来讨论其他杀毒及系统备份与恢复软件的操作方法。

3．学生讨论（60 分钟）

（1）学生随机每 4 人组成一个研究讨论小组，每组自行选出组长。由组长主持讨论其他杀毒软件的使用方法（如瑞星、卡巴斯基等杀毒软件）和系统备份的方法（如一键还原精灵、Norton Ghost 等）。

（2）学生以小组为单位展示自己小组的讨论成果。

（3）教师在此过程中不讲授任何内容，完全由学生带着问题自己来完成讨论过程，教师只充当咨询师的角色，并认真检查记录学生讨论的情况，以便考核学生。

4．完成工作任务（20 分钟）

学生利用所学知识完成如下操作。

清理 C 盘垃圾文件，利用各种杀毒软件查杀系统病毒，备份“我的文档”。

注：仔细观察学生的操作，是否有创新之处。

5．总结评价与提高（40 分钟）

总结评价

（1）教师依据学生讨论及完成工作过程中的行动记录，挑选出具有代表性的几个小组的工作成果，随机抽取几个学生对其进行点评，说出优点与不足之处。

教师总结：磁盘管理是操作系统的一个重要组成部分，是用来管理磁盘和卷的图形化工具。在 Windows XP 中，几乎所有的磁盘管理操作都能够通过计算机磁盘管理程序来完成，并且大多是基于图形用户界面的。在磁盘管理中，可以创建、格式化、删除磁盘分区，并更改驱动器号等。

除了 Windows XP 操作系统自带的备份和还原工具外，还可以利用软件备份数据文件或操作系统。

（2）教师总结与学生总结相结合，对杀毒软件的基本操作进行总结（如基本方法、定时扫描等）；对系统的备份与恢复方法进行总结（如系统工具、软件备份等）。

（3）学生对自己完成的工作进行总结与反思，主要写出自己在小组讨论与完成工作任务的过程中的收获，并提交书面总结报告。

提高

利用一键还原精灵备份 Windows 操作系统（操作正确，并能讲解明白，可酌情给予 3～5 分的加分）。

第 3 章　探索 Internet

任务 1——初识网页浏览器　　任务 2——访问 Internet 网页
任务 3——将计算机接入 Internet　　任务 4——浏览和保存网页信息
任务 5——使用搜索引擎检索信息　　任务 6——申请免费电子邮箱
任务 7——收发电子邮件　　任务 8——使用即时通信软件
任务 9——下载文件　　任务 10——申请和建立个人博客
任务 11——体验信息化生活

任务 1——初识网页浏览器

教学单元设计实施方案

<table>
<tr><td colspan="2">教学单元名称</td><td>初识网页浏览器</td><td>课时</td><td>1 学时</td></tr>
<tr><td colspan="2" rowspan="2">所属章节</td><td>第 3 章 探索 Internet</td><td colspan="1" rowspan="2">授课班级</td><td rowspan="2"></td></tr>
<tr><td>学习单元 3.1 认识 Internet
任务 1　初识网页浏览器</td></tr>
<tr><td colspan="2">任务描述</td><td colspan="3">小王计划明天去郊游，但是却不知道明天的天气怎么样。为了了解第二天的天气状况，她准备守在电视机前等天气预报。小李到小王家来玩，听说这件事后，告诉小王，现在通过计算机上网，可以方便地进行天气预报等信息的查询。</td></tr>
<tr><td colspan="2">任务分析</td><td colspan="3">本任务是进行网页浏览器的操作练习，通过实现本任务，要熟悉 IE 浏览器的操作界面，了解 IE 浏览器的窗口，能够设置主页、添加收藏夹，并进行历史记录的相关操作。本任务可分解为下列操作。
（1）使用 IE 浏览器进行网页的浏览。
（2）对 IE 浏览器进行相应的设置。</td></tr>
<tr><td rowspan="3">教学目标</td><td>方法能力</td><td>（1）能够有效地获取、利用和传递信息。
（2）能够在工作中寻求发现问题和解决问题的途径。
（3）能够独立学习，不断获取新的知识和技能。
（4）能够对所完成工作的质量进行自我控制及正确评价。</td><td rowspan="3">考核方式</td><td rowspan="3">过程考核与终结考核
过程考核：小组设计成果（30%）、个人完成成果（30%）
终结考核：总结反思报告（40%）</td></tr>
<tr><td>社会能力</td><td>（1）在工作中能够良好沟通，掌握一定的交流技巧。
（2）公正坦诚、乐于助人，学会与人相处。
（3）做事认真、细致，有自制力和自控力。
（4）有较强的团队协作精神和环境意识。</td></tr>
<tr><td>专业能力</td><td>（1）能够启动 IE 浏览器。
（2）能够使用 IE 浏览器进行网页浏览等各项操作。
（3）能够进行网页的收藏等各项设置操作。</td></tr>
<tr><td>教学环境</td><td colspan="4">为每位学生配备的计算机应具备如下的软硬件环境。
软件环境：Windows XP（IE 浏览器）、相关网站的网址。
硬件环境：网络环境、海报纸、投影屏幕、展示板。</td></tr>
</table>

教学单元设计实施方案架构

教学内容	教师行动	学生行动	组织方式	教学方法	资源与媒介	时间（分）
1．任务提出	教师解释具体工作任务	接受工作任务	集中	引导文法	投影屏幕	5
	提问：在现实生活中，如何进行天气信息的查询，各种查询方法有什么优点和缺点	思考如何使用计算机上网进行天气信息的查询				
2．知识讲授与操作演示	教师讲解 IE 浏览器浏览网页的操作方法及相关知识，使学生了解地址栏的作用	思考如何使用 IE 浏览器进行网页的浏览	集中	讲授	投影屏幕	10
	演示 IE 浏览器的各种设置	掌握在 IE 浏览器中进行主页、历史记录等各项设置的操作方法				
3．学生讨论	巡视检查、记录 回答学生提问	观察并掌握 IE 浏览器的窗口组成部分及作用	分组（4 人一组，随机组合）	头脑风暴	计算机	15
		讨论 IE 浏览器主页、历史记录、收藏夹等设置的操作方式	分组（4 人一组，随机组合）	头脑风暴	计算机	
		使用海报纸展示小组讨论成果	分组（4 人一组，随机组合）	可视化	海报纸和展示板	
4．完成工作任务	巡视检查、记录	利用 IE 浏览器浏览网页查询天气信息，并进行主页等 IE 浏览器的设置	独立	自主学习	计算机	5
5．总结评价与提高	根据先期观察记录，挑选出具有代表性的几个小组的最终作品，随机抽取学生对其进行初步点评	倾听点评	分组、集中	自主学习	计算机和投影屏幕	10
	对任务完成情况进行总结（如超级链接等）	倾听总结，对自己的整个工作任务的完成过程进行反思，并书写总结报告	集中	讲授、归纳总结法	计算机和投影屏幕	

教学单元设计实施方案细则

1．任务提出（5 分钟）
教师提出具体的工作任务——小王计划明天去郊游，但是却不知道明天的天气怎么样。为了了解第二天的天气状况，她准备守在电视机前等天气预报。小李到小王家来玩，听说这件事后，告诉小王，现在通过计算机上网，可以方便地进行天气预报等信息的查询。 此时，教师将可以查询天气信息的网站地址公布，并让学生打开计算机中的 IE 浏览器，这时学生看到的是一张空白的主页。让学生明确帮助小王在网络中浏览并查询天气情况的任务。 提问：如果需要经常上网查询天气状况，每次打开 IE 浏览器都是空白页是否太麻烦？
2．知识讲授与操作演示（10 分钟）
（1）教师讲授与 Internet 相关的基本概念。 背景资料：Internet 的基本概念 Internet 又称国际互联网，也可音译为“因特网”。一般认为，Internet 起源于美国的阿帕网（ARPANET）。现在，Internet 已经拥有了数以亿计的用户，可以说 Internet 是全球最大的网络。目前仍然没有一个完全准确的概念能够描述 Internet，也没有哪个国家或是机构能够对 Internet 有绝对的控制权和管理权。如果仅从结构上来说，可以认为 Internet 是由许多小的子网互联而成的一个逻辑网，每个子网中连接着若干台计算机（主机）。 背景资料：Internet 提供的服务 Internet 上提供的服务主要有“WWW 服务”、“电子邮件”、“文件传送”等。 ① WWW 服务：中文名称为万维网，英文全称为 World Wide Web，是 Internet 上的一种基于超文本方式的多媒体信息查询系统。人们可以通过 WWW 服务发布和查看多种类型的网页信息。 ② 电子邮件：通常所说的“E-mail”是 Internet 提供的服务中使用频率较多的内容之一。由于收发电子邮件快捷、方便、便宜，所以在很大程度上取代了传统的邮递方式。 ③ 文件传送：Internet 上共享的资源极为丰富，使用文件传输服务可以方便地将网络资源复制到自己的计算机上。 另外，Internet 还提供了网上专题讨论、网上交友、电子商务、远程登录等丰富多彩的服务。 背景资料：网页浏览器 网页浏览器是用户浏览网页所必备的一种软件。其实，网页浏览器并不仅仅只有 IE 浏览器一种，常见的网页浏览器还有 Firefox、Opera 等。不过，由于微软公司将 IE 浏览器集成在 Windows 操作系统中，凡是安装了 Windows 操作系统的计算机都可以使用 IE 浏览器，所以 IE 浏览器的使用者人数众多，知名度也最高。 背景资料：IE 浏览器的界面及作用 ① 标题栏：位于窗口顶部，主要作用是显示当前浏览的网页名称，右侧有窗口的“最小化”按钮、“最大化/向下还原”按钮与“关闭”按钮。 ② 菜单栏：提供 6 个菜单选项，在 IE 浏览器的操作过程中，可用鼠标单击打开菜单。 ③ 工具栏：系统默认的工具按钮如下。 ● “后退”按钮 后退：单击该按钮可返回到上一张浏览的网页。

- “前进”按钮：在单击“后退”按钮后，若想回到新近浏览的页面可单击“前进”按钮。
- “停止”按钮：当浏览器下载信息时，如果由于网络线路繁忙而长时间无法完全下载网页，可按“停止”按钮结束下载过程。
- “刷新”按钮：在网页信息显示内容不完整或陈旧的情况下，可单击“刷新”按钮，重新将当前的网页从服务器上传输到本地计算机中。
- “主页”按钮：单击“主页”按钮可以迅速返回到IE浏览器设置的主页。
- “收藏夹”按钮：在浏览网页的过程中，如果有自己喜爱的网站，可使用“收藏夹”将网站收藏起来，以便于下次快速地访问这个网站。
- “历史”按钮：如果想查看最近几天去过的网站，可单击“历史”按钮，显示最近浏览过的网页地址。

④ 地址栏：位于工具栏下方，在浏览网页的过程中，可以在地址栏中输入网站的域名，按回车键后即可打开相应的网页。

⑤ 状态栏：位于窗口的底部，用于显示当前IE浏览器的工作状态。

（2）教师演示使用IE浏览器进行网页浏览操作的方法，并展示设置IE浏览器的主页、修改历史记录、添加“收藏夹”的操作方法。

请随机组成小组（4人一组），大家一起来讨论IE浏览器的界面组成及作用，看一看使用IE浏览器浏览网页的操作方法，然后试着进行IE浏览器的主页等的相关设置。

3．学生讨论（15分钟）

学生随机每4人组成一个研究讨论小组，每组自行选出组长。由组长主持讨论IE浏览器中的基本操作和设置。

学生以小组为单位展示自己小组的讨论结果。

教师在此过程中不讲授任何内容，完全由学生带着问题自己来完成讨论过程，教师只充当咨询师的角色，并认真检查记录学生讨论的情况，以便考核学生。

4．完成工作任务（5分钟）

学生利用小组讨论掌握的方法，进行天气情况的汇报，并总结IE浏览器的相关操作和设置。

5．总结评价与提高（10分钟）

总结评价

教师依据学生讨论及完成工作过程中的行动记录，挑选出具有代表性的几个小组的工作成果，随机抽取几个学生对其进行点评，说出优点与不足之处。

教师总结：IE浏览器中地址栏的作用，设置主页的目的，“历史记录”及“收藏夹”的作用、IE浏览器的设置操作。

注意：在输入网站地址时，要注意网址的格式。

教师总结与学生总结相结合，对IE浏览器的基本设置进行总结（如怎样进行历史记录时间的设置等）。

学生对自己完成的工作进行总结与反思，主要写出自己在小组讨论与完成工作任务的过程中的收获，并提交书面总结报告。

提高

使用IE浏览器访问Internet，浏览“中国旅游网”（www.51yala.com），为自己制订一份假期游北京的计划，看看在网上能够收集到哪些资料，为自己的出游做好安排。（回答正确，并能讲解明白，可酌情给予3～5分的加分）。

任务 2——访问 Internet 网页

教学单元设计实施方案

<table>
<tr><td colspan="2">教学单元名称</td><td>访问 Internet 网页</td><td>课时</td><td>1 学时</td></tr>
<tr><td colspan="2" rowspan="2">所属章节</td><td>第 3 章　探索 Internet</td><td rowspan="2">授课班级</td><td rowspan="2"></td></tr>
<tr><td>学习单元 3.1　认识 Internet</td></tr>
<tr><td colspan="2">任务描述</td><td colspan="3">小王通过 Internet 顺利地查询到了天气情况。在浏览相关网页的过程中，小王还掌握了 IE 浏览器的多种设置方法。但仅仅是进行网络的浏览，小王感觉仍然意犹未尽。如果能够在 Internet 的论坛中发表自己的言论就好了。小李告诉小王，如果注册一个网络用户名，就可以在网络论坛中发表话题了。</td></tr>
<tr><td colspan="2">任务分析</td><td colspan="3">本任务主要是进行网站用户注册的操作练习，熟悉域名的概念和运用，关注网络信息的安全，并能够参与网络互动。完成本任务主要有以下操作。
（1）注册网络论坛中的用户名。
（2）参与网络的互动。</td></tr>
<tr><td rowspan="3">教学目标</td><td>方法能力</td><td>（1）能够有效地获取、利用和传递信息。
（2）能够在工作中寻求发现问题和解决问题的途径。
（3）能够独立学习，不断获取新的知识和技能。
（4）能够对所完成工作的质量进行自我控制及正确评价。</td><td rowspan="3">考核方式</td><td rowspan="3">过程考核与终结考核
过程考核：小组设计成果（30%）、个人完成成果（30%）
终结考核：总结反思报告（40%）</td></tr>
<tr><td>社会能力</td><td>（1）在工作中能够良好沟通，掌握一定的交流技巧。
（2）公正坦诚、乐于助人，学会与人相处。
（3）做事认真、细致，有自制力和自控力。
（4）有较强的团队协作精神和环境意识。
（5）有一定的网络安全意识。</td></tr>
<tr><td>专业能力</td><td>（1）能够在网站中注册新的用户名。
（2）能够在网络论坛中进行留言。
（3）能够在网络论坛中回复主题。</td></tr>
<tr><td>教学环境</td><td colspan="4">为每位学生配备的计算机应具备如下的软硬件环境。
软件环境：Windows XP、IE 浏览器、相关网站的网址。
硬件环境：网络环境、海报纸、打印机（纸张）、投影屏幕、展示板。</td></tr>
</table>

教学单元设计实施方案架构

教学内容	教师行动	学生行动	组织方式	教学方法	资源与媒介	时间（分）
1．任务提出	教师解释具体工作任务	接受工作任务	集中	引导文法	投影屏幕	5
	提问：在现实生活中，学校一般会以什么形式发布全校的通知	思考发布信息时应注意的有关事项（如公告的真实性等）				
2．知识讲授与操作演示	教师讲解网络论坛、域名和 IP 地址的概念	思考如何设置用户名和登录口令	集中	讲授	投影屏幕	10
	演示网络论坛的用户注册方法	掌握域名和 IP 地址的概念归纳				
3．学生讨论	巡视检查、记录 回答学生提问	讨论网络论坛的安全性，注册用户名	分组（4人一组，随机组合）	头脑风暴	计算机	15
		掌握网络域名、IP 地址的概念，并进行归纳	分组（4人一组，随机组合）	头脑风暴	计算机	
		使用海报纸展示小组设计成果	分组（4人一组，随机组合）	可视化	海报纸和展示板	
4．完成工作任务	巡视检查、记录	在网络论坛中发表一个主题	独立	自主学习	计算机	5
5．总结评价与提高	根据先期观察记录，挑选出具有代表性的几个小组的最终作品，随机抽取学生对其进行初步点评	倾听点评	分组、集中	自主学习	计算机和投影屏幕	10
	对任务完成情况进行总结（如用户名的格式、口令的安全性等）	倾听总结，对自己的整个工作任务的完成过程进行反思，并书写总结报告	集中	讲授、归纳总结法	计算机和投影屏幕	

教学单元设计实施方案细则

1．任务提出（5 分钟）

教师提出具体的工作任务——小王通过 Internet 顺利地查询到了天气情况。在浏览相关网页的过程中，小王还掌握了 IE 浏览器的多种设置方法。但仅仅是进行网络的浏览，小王感觉仍然意犹未尽。如果能够在 Internet 的论坛中发表自己的言论就好了。小李告诉小王，如果注册一个网络用户名，就可以在网络论坛中发表话题了。

此时，教师提供“中国科普网”的网址，让学生明确本任务的内容，即注册用户名，并制作关于域名和 IP 地址的概念的示意图。

提问：现实生活中，学校会怎样发布信息公告？

2．知识讲授与操作演示（10 分钟）

（1）教师讲授网络域名和 IP 地址的基本概念。

背景资料：域名

域名就是企业、政府、非政府组织等机构或者个人在因特网上注册的名称。用户在浏览网页时，可直接在 IE 地址栏中输入域名打开网页。

域名的规则：域名由若干子域名组成，子域名之间用点号分隔，自右到左为顶层域名、机构名、网络名、主机名。由于 Internet 发源于美国，所以在美国，顶层域名用于区分机构，在美国之外，顶层域名用于区分国别或地域，如www.kepu.gov.cn中的“cn”代表的就是中国。

域　名	含　义	域　名	含　义	域　名	含　义
com	商业机构	edu	教育机构	gov	政府机构
mil	军事机构	net	网络机构	org	非营利组织

背景资料：IP 地址

通俗地说，IP 地址就是计算机在网络中的“通信地址”。Internet 中每台主机都具有一个唯一的 IP 地址，这样计算机在网络中传输信息时，才能够明确信息的流向。

通常情况下，IP 地址由 4 个十进制数来表示，每个数字的范围为 0～255，数字之间由句点隔开，如 218.241.97.60。

IP 地址分为 A、B、C、D、E 5 类。常用的是 A、B、C 3 类。

由于 IP 地址是有限资源，所以一般用户上网使用的是动态的 IP 地址，即每次断开网络后重新上网，计算机得到的 IP 地址可能不同。如果用户除了访问 Internet 外，还想利用 Internet 发布信息，供其他用户访问，则可以向网络信息中心（NIC）申请获得静态的 IP 地址。

背景资料：域名与 IP 地址的关系

域名与 IP 地址是有着对应关系的，通常我们浏览网页只需在 IE 浏览器的地址栏中输入域名，但事实上所输入的域名会由网络中的 DNS 服务器解析为 IP 地址，再通过 IP 地址访问网页。由于 IP 地址是由纯数字组成的，难以记忆，所以我们习惯利用域名浏览网页。

（2）教师演示在网络论坛中进行用户注册，并使用注册的用户名登录论坛，回复一个主题并且发表一个话题。

请随机组成小组（4 人一组），大家一起来讨论网络用户注册的安全性，并且讨论网络域名与 IP 地址的概念及关系，以关系图的方式表示出来。

3．学生讨论（15 分钟）
（1）学生随机每 4 人组成一个研究讨论小组，每组自行选出组长。由组长主持讨论网络用户注册的安全性，并且讨论网络域名与 IP 地址的概念及关系，以关系图的方式表示出来。 （2）学生以小组为单位展示自己小组制作的示意图。 （3）教师在此过程中不讲授任何内容，完全由学生带着问题自己来完成讨论过程，教师只充当咨询师的角色，并认真检查记录学生讨论的情况，以便考核学生。
4．完成工作任务（5 分钟）
学生利用小组讨论掌握的方法，在网络论坛中注册一个用户名，并发表话题。 注：仔细观察学生注册过程，关注学生设置的口令是否具有较高的安全性，发表的话题和回复内容是否符合道德规范。
5．总结评价与提高（10 分钟）
总结评价 （1）教师依据学生讨论及完成工作过程中的行动记录，挑选出具有代表性的几个小组的工作成果，随机抽取几个学生对其进行点评，说出优点与不足之处。 教师总结：网络域名所代表的网站类型，IP 地址与网络域名的关系。 注意：在网络中发表个人话题时应注意遵守社会道德，注册网络用户名时应注意网络个人信息的安全。 （2）教师总结与学生总结相结合，对网络的类型的判断进行总结（如商业网站等）。 （3）学生对自己完成的工作进行总结与反思，主要写出自己在小组讨论与完成工作任务的过程中的收获，并提交书面总结报告。 提高 请浏览“中华文明网”（www.zhwmw.org），解释这个网站属于什么机构类型，注册一个用户名并参与“文明论坛”的交流（回答正确，并能讲解明白，可酌情给予 3～5 分的加分）。

任务 3——将计算机接入 Internet

教学单元设计实施方案

<table>
<tr><td colspan="2">教学单元名称</td><td>将计算机接入 Internet</td><td>课时</td><td>1 学时</td></tr>
<tr><td colspan="2" rowspan="2">所属章节</td><td>第 3 章 探索 Internet</td><td rowspan="2">授课班级</td><td rowspan="2"></td></tr>
<tr><td>学习单元 3.2　打开 Internet 的大门
任务 1　将计算机接入 Internet</td></tr>
<tr><td colspan="2">任务描述</td><td colspan="3">小张到小王家玩，看见小王正熟练地浏览因特网。小张对小王说：“我也想在家里安装网络，可是不知道该怎么办。”小王说：“很简单，你只要先选定一家网络服务商，办理一个入网手续就可以了，你要记住的就是要在计算机中创建一个网络连接。”</td></tr>
<tr><td colspan="2">任务分析</td><td colspan="3">在计算机中进行连接因特网的相关设置和操作，完成本任务主要有以下操作。
（1）创建网络连接。
（2）查看网络协议。
（3）认知网络硬件。</td></tr>
<tr><td rowspan="3">教学目标</td><td>方法能力</td><td>（1）能够有效地获取、利用和传递信息。
（2）能够在工作中寻求发现问题和解决问题的途径。
（3）能够独立学习，不断获取新的知识和技能。
（4）能够对所完成工作的质量进行自我控制及正确评价。</td><td rowspan="3">考核方式</td><td rowspan="3">过程考核与终结考核
过程考核：小组设计成果（30%）、个人完成成果（30%）
终结考核：总结反思报告（40%）</td></tr>
<tr><td>社会能力</td><td>（1）在工作中能够良好沟通，掌握一定的交流技巧。
（2）公正坦诚、乐于助人，学会与人相处。
（3）做事认真、细致，有自制力和自控力。
（4）有较强的团队协作精神和环境意识。</td></tr>
<tr><td>专业能力</td><td>（1）能够认知计算机入网所需的硬件设备。
（2）能够通过“开始”菜单进行网络连接的创建。
（3）能够在操作系统中查看网络协议的安装情况。</td></tr>
<tr><td>教学环境</td><td colspan="4">为每位学生配备的计算机应具备如下的软硬件环境。
软件环境：Windows XP。
硬件环境：网卡、调制解调器等网络设备、海报纸、投影屏幕、记号笔、关键词卡片及展示板。</td></tr>
</table>

教学单元设计实施方案架构

教学内容	教师行动	学生行动	组织方式	教学方法	资源与媒介	时间（分）
1. 任务提出	教师解释具体工作任务	接受工作任务	集中	引导文法	投影屏幕	5
	提问：生活中，我们是否了解有哪些公司能够提供计算机入网服务	思考在现实中通过哪些途径了解过计算机上网的方式				
2. 知识讲授与操作演示	教师讲解计算机上网所需的条件，以及计算机上网的方式和途径	思考在获得上网账号和口令后该做什么	集中	讲授	计算机上网所需的硬件设备、投影屏幕	10
	展示网卡等网络硬件，演示在计算机中创建网络连接的操作步骤	掌握创建网络连接的操作步骤和具体细节部分				
	演示在计算机中查看网络协议的操作过程	思考网络协议的作用				
3. 学生讨论	巡视检查、记录 回答学生提问	就有关计算机入网的软、硬件条件进行交流和讨论	分组（4人一组，随机组合）	头脑风暴	海报纸	15
		在提供的计算机中创建一个网络连接并查看是否安装了TCP/IP协议	分组（4人一组，随机组合）	头脑风暴	计算机	
		展示本组研究成果	分组（4人一组，随机组合）	可视化	计算机、海报纸和展示板	
4. 完成工作任务	巡视检查、记录	利用创建的网络连接进行模拟拨号	独立	自主学习	计算机	5
5. 总结评价与提高	根据先期观察记录，挑选出具有代表性的几个小组的最终作品，随机抽取学生对其进行初步点评	倾听点评	分组、集中	自主学习	计算机和投影屏幕	10
	对任务完成情况进行总结（如创建网络连接过程中的ISP名称等）	倾听总结，对自己的整个工作任务的完成过程进行反思，并书写总结报告	集中	讲授、归纳总结法	计算机和投影屏幕	

教学单元设计实施方案细则

1．任务提出（5分钟）

教师提出具体的工作任务——小张到小王家玩，看见小王正熟练地浏览因特网。小张对小王说："我也想在家里安装网络，可是不知道该怎么办。"小王说："很简单，你只要先选定一家网络服务商，办理一个入网手续就可以了，你要记住的就是要在计算机中创建一个网络连接。"

此时，老师展示计算机中的网络连接，打开网络连接并进行说明，解释网络连接的账号和口令的来源和作用。明确主要任务是在计算机中创建一个新的网络连接。

提问：生活中，我们是否了解有哪些公司能够提供计算机入网服务？

2．知识讲授与操作演示（10分钟）

（1）教师讲授计算机上网的相关知识。

背景资料：计算机上网的方式

目前国内用户接入Internet的方式较多，常见的有电话拨号接入和宽带接入。

宽带接入的方法有DDN专线接入、ISDN专线接入、通过光纤接入、在有线电视宽带网（HFC网络）上安装Cable MODEM接入、xDSL宽带网接入等。其中，xDSL接入方法中最成熟的技术是ADSL（非对称数字用户线路）。

各种不同的接入方式有着不同的特点，电话拨号上网由于速率较低，一般只适合于上网时间有限且没有条件安装宽带业务的用户。宽带上网是现在较流行的Internet接入方式，其中DDN专线、ISDN等网络接入方式由于成本和速率等多方面的原因一直未能成功普及。现阶段，作为普通个人用户，可考虑的宽带接入方式主要包括两种，即ADSL和FTTX+LAN（小区宽带）。其中，用户比重较大的是ADSL接入方式。

背景资料：ISP（网络服务提供商）

ISP指的是向用户提供Internet的接入业务、信息服务及相关增值服务的运营商。用户想要接入Internet，首先要选择一个ISP服务商办理入网手续。选择ISP主要考虑收费标准、提供线路的传输速率、ISP接入Internet的带宽，以及ISP的服务功能是否齐全等几个因素。

本任务以ADSL接入Internet为例，目前我国提供ADSL服务的ISP主要有电信和联通两家公司，可以按实际情况进行选择。

背景资料：计算机上网的几个基本概念

① 宽带上网。

宽带上网是目前一种流行而又通俗的说法，其本身并不是具体的接入Internet的途径，通常"电话拨号"上网速率的上限在56Kbps，以这个速率为分界，高于这个传输入速率的网络连接方式可统称为"宽带上网"。

② bps。

bps（位/秒）是网络中数据传输的速率单位，即每秒传输的位数。因为计算机中数据的存储单位是字节（B），所以网络数据的实际有效传输速率应在标明的速率的基础上除以8（1B＝8b）。

③ 网络协议。

网络协议是指计算机之间进行数据交换而建立的规则和标准的集合。网络协议有多种，其中TCP/IP是Internet最基本的协议，计算机只有安装了TCP/IP后才能够接入Internet。

④ 无线网络。

所谓“无线网络”，是指以无线传输介质（如无线电波）为信息传输的媒介组成的计算机网络，通常无线网络应用在笔记本电脑上。使用无线网络的计算机必须安装无线网卡。

⑤ FTTX+LAN（小区宽带）。

小区宽带是目前较流行的 Internet 接入方式之一，其特点是无须安装固定电话。网络服务商将光纤接入到用户小区，再通过网线接入用户家。前提条件是用户小区已经接入了光纤，并开通了小区宽带业务。

⑥ 计算机网络通信介质。

通信介质是指计算机网络中发送方与接收方之间的物理通路，是计算机与计算机之间传输数据的载体。常见的有线通信介质有同轴电缆、双绞线和光纤等，另外还有无线通信介质，如微波、卫星通信等。

（2）教师展示网卡等网络硬件，演示在计算机中创建网络连接的操作步骤，在计算机中查看网络协议。

请随机组成小组（4 人一组），大家一起来讨论计算机入网所需的软、硬件条件，以及各自的作用。

3．学生讨论（15 分钟）

（1）学生随机每 4 人组成一个研究讨论小组，每组自行选出组长。由组长主持讨论计算机入网所需的软、硬件条件，以及各自的作用。

（2）学生在分组的状态下，在提供的计算机中创建一个网络连接，查看是否安装了 TCP/IP，并对协议的作用进行讨论，操作和讨论结果让学生以小组为单位进行展示。

（3）教师在此过程中不讲授任何内容，完全由学生带着问题自己来完成讨论过程，教师只充当咨询师的角色，并认真检查记录学生讨论的情况，以便考核学生。

4．完成工作任务（5 分钟）

学生利用创建的网络连接进行模拟拨号。

5．总结评价与提高（10 分钟）

总结评价

（1）教师依据学生讨论及完成工作过程中的行动记录，挑选出具有代表性的几个小组的工作成果，随机抽取几个学生对其进行点评，说出优点与不足之处。

教师总结：计算机上网所需的条件有硬件和软件，在条件都已经准备完成后，创建网络连接时应注意我们所选择的计算机入网的方式。

（2）教师总结与学生总结相结合，对实践操作中可能遇到的问题进行总结（例如，如果计算机中没有安装协议时应怎么安装等）。

（3）学生对自己完成的工作进行总结与反思，主要写出自己在小组讨论与完成工作任务的过程中的收获，并提交书面总结报告。

提高

在计算机上创建一个新的网络连接，试一试除了课本中介绍的方法外，还有没有别的方法可进行创建的操作。

收集资料，想一想自己家如果要上网，可以选择哪种接入 Internet 的方式（回答正确，并能讲解明白，可酌情给予 3～5 分的加分）。

任务 4——浏览和保存网页信息

教学单元设计实施方案

<table>
<tr><td colspan="2">教学单元名称</td><td>浏览和保存网页信息</td><td>课时</td><td>1 学时</td></tr>
<tr><td colspan="2" rowspan="2">所属章节</td><td>第 3 章 探索 Internet</td><td rowspan="2">授课班级</td><td rowspan="2"></td></tr>
<tr><td>学习单元 3.3 获取网络信息
任务 1 浏览和保存网页信息</td></tr>
<tr><td colspan="2">任务描述</td><td colspan="3">小王在浏览网页时，看着网上漂亮的图片和精彩的文字，想把这些图片和文字保存到自己的计算机硬盘中。小李告诉小王，通过在 IE 浏览器中的操作，可以方便地进行网页中图片和文字的保存。本任务就是要实现对网页中各种对象的保存操作。</td></tr>
<tr><td colspan="2">任务分析</td><td colspan="3">在浏览网页的过程中，可对网页内容（如图片、文字等）进行保存，将网页中的信息保存在自己的计算机硬盘中，这样，即使在计算机没有上网的情况下，也能够在自己的计算机中欣赏被保存的对象了。完成本任务主要有以下操作。
（1）保存电子工业出版社网站的主页。
（2）保存网页中的文字。
（3）保存网页中的图片。</td></tr>
<tr><td rowspan="3">教学目标</td><td>方法能力</td><td>（1）能够有效地获取、利用和传递信息。
（2）能够在工作中寻求发现问题和解决问题的途径。
（3）能够独立学习，不断获取新的知识和技能。
（4）能够对所完成工作的质量进行自我控制及正确评价。</td><td rowspan="3">考核方式</td><td rowspan="3">过程考核与终结考核
过程考核：小组设计成果（30%）、个人完成成果（30%）
终结考核：总结反思报告（40%）</td></tr>
<tr><td>社会能力</td><td>（1）在工作中能够良好沟通，掌握一定的交流技巧。
（2）公正坦诚、乐于助人，学会与人相处。
（3）做事认真、细致，有自制力和自控力。
（4）有较强的团队协作精神和环境意识。</td></tr>
<tr><td>专业能力</td><td>能够从网络中保存网页页文字和图片等对象。</td></tr>
<tr><td>教学环境</td><td colspan="4">为每位学生配备的计算机应具备如下的软硬件环境。
软件环境：Windows XP （已经创建了一个文件夹准备存放从网页中保存的对象）、IE 浏览器、相关网站的网址。
硬件环境：网络环境、海报纸、投影屏幕、展示板。</td></tr>
</table>

教学单元设计实施方案架构

教学内容	教师行动	学生行动	组织方式	教学方法	资源与媒介	时间（分）
1．任务提出	教师解释具体工作任务	接受工作任务	集中	引导文法	投影屏幕	5
	提问：在网页浏览过程中，同学们有没有遇到过自己喜爱的图片，想要将其放到自己的计算机中设置为桌面背景的情况呢	思考如何将网页中的图片保存在自己的计算机硬盘中				
2．知识讲授与操作演示	教师讲解网页的主要组成部分，使学生理解网页构成	思考网页设计的思路	集中	讲授	投影屏幕	10
	演示将网页、网页中的图片和文字等内容保存到本地计算机硬盘的操作步骤	掌握保存网页内容的操作方法				
3．学生讨论	巡视检查、记录回答学生提问	讨论其他保存网页内容的方式，将网页及网页中的文字和图片进行保存	分组（4人一组，随机组合）	头脑风暴	计算机	15
		掌握打印、发送网页的操作方法	分组（4人一组，随机组合）	头脑风暴	计算机	
		展示自己保存的网页内容，使用海报纸展示小组设计成果	分组（4人一组，随机组合）	可视化	计算机、海报纸和展示板	
4．完成工作任务	巡视检查、记录	将保存的网页内容分类整理存放	独立	自主学习	计算机	5
5．总结评价与提高	根据先期观察记录，挑选出具有代表性的几个小组的最终作品，随机抽取学生对其进行初步点评	倾听点评	分组、集中	自主学习	计算机和投影屏幕	10
	对任务完成情况进行总结（如IE浏览器的菜单操作等）	倾听总结，对自己的整个工作任务的完成过程进行反思并书写总结报告	集中	讲授、归纳总结法	计算机和投影屏幕	

教学单元设计实施方案细则

1．任务提出（5 分钟）
教师提出具体的工作任务——小王在浏览网页时，看着网上漂亮的图片和精彩的文字，想把这些图片和文字保存到自己的计算机硬盘中。小李告诉小王，通过在 IE 浏览器中的操作，可以方便地进行网页中图片和文字的保存。本任务就是要实现对网页中各种对象的保存操作。 使学生明确要完成保存网页及网页文字和图片的操作任务。 提问：在网页浏览过程中，同学们有没有过遇到自己喜爱的图片，想要将其放到自己的计算机中设置为桌面背景的情况呢？
2．知识讲授与操作演示（10 分钟）
（1）教师讲授网页操作的相关知识 背景资料：打印网页 浏览网页时，除了可以将网页保存在计算机磁盘上，还可以直接将当前浏览的网页内容通过打印机打印出来，单击工具栏中的“打印”按钮或选择“文件”菜单中的“打印”命令即可。 背景资料：发送网页 如果要将网页通过电子邮件发送出去，可以通过“文件”菜单的“发送”命令进行操作。发送网页时，可把网页内容发送给收件人，也可把网页的网址发送出去。 背景资料：网站的主页 一般来说，网站的主页是指访问某个网站时打开的第一个网页页面，网站的主页体现了整个网站的风格设计和性质，通常包含了网站的主目录，是一个网站的标志。网站的主页与网页浏览器设置的主页是两个不同的概念。例如，电子工业出版社网站的主页是 www.phei.com.cn，读者可以将这个网页设置为自己浏览器的主页，也可以将任意一张网页，甚至是空白页设置为浏览器的主页，而网站的主页是在网站建立时由网站建立者设计好的，并不会因为读者的设置而改变。 （2）教师演示将网页、网页中的图片和文字等内容保存到本地计算机硬盘的操作步骤。 提问：请随机组成小组（4 人一组），大家一起来讨论其他保存网页内容的方式。
3．学生讨论（15 分钟）
（1）学生随机每 4 人组成一个研究讨论小组，每组自行选出组长。由组长主持讨论其他保存网页内容的方式，并将网页及网页中的文字和图片进行保存。 （2）学生以小组为单位展示自己小组保存在计算机硬盘中的网页、图片和文字内容。 （3）教师在此过程中不讲授任何内容，完全由学生带着问题自己来完成讨论过程，教师只充当咨询师的角色，并认真检查记录学生讨论的情况，以便考核学生。
4．完成工作任务（5 分钟）
学生利用小组讨论掌握的方法，将保存到计算机硬盘上的网页、图片和文字进行分类管理，将图片设置为计算机桌面背景。
5．总结评价与提高（10 分钟）
总结评价 （1）教师依据学生讨论及完成工作过程中的行动记录，挑选出具有代表性的几个小组的工作成果，随机抽取几个学生对其进行点评，说出优点与不足之处。 教师总结：保存网页及相关的一些对象可以让我们轻松地利用网络资源，让我们将单纯的浏览网页变成充分地使用网络。

注意：在利用网络资源的同时，要注意尊重别人的知识成果，避免一味地抄袭。

（2）教师总结与学生总结相结合，对网页保存的结果进行总结（如网页的保存不仅保存一个文件等）。

（3）学生对自己完成的工作进行总结与反思，主要写出自己在小组讨论与完成工作任务的过程中的收获，并提交书面总结报告。

提高

请根据所学的方法，浏览北京奥运会官方网站（www.bejing2008.cn），将北京奥运会的精彩瞬间图片保存在自己的计算机中（在D盘新建一个“奥运图片”文件夹）。

操作过程详细有条理，可酌情给予3～5分的加分。

任务 5——使用搜索引擎检索信息

教学单元设计实施方案

<table>
<tr><td colspan="2">教学单元名称</td><td>使用搜索引擎检索信息</td><td colspan="2">课时</td><td>1 学时</td></tr>
<tr><td colspan="2" rowspan="2">所属章节</td><td>第 3 章　探索 Internet</td><td colspan="2" rowspan="2">授课班级</td><td rowspan="2"></td></tr>
<tr><td>学习单元 3.3　获取网络信息
任务 2　使用搜索引擎检索信息</td></tr>
<tr><td colspan="2">任务描述</td><td colspan="4">小王在上网的过程中经常需要查找一些资料，每次让他最头痛的事情就是找不到相关的网站。小李听说后，告诉小王不必烦恼，其实在网络中有一个工具叫做搜索引擎，利用搜索引擎，可以方便地将大量相关的网站显示出来。在本任务中，主要是利用搜索引擎对网络中的信息进行搜索。</td></tr>
<tr><td colspan="2">任务分析</td><td colspan="4">在因特网中利用搜索引擎快速地查找网站。完成本任务主要有以下操作。
（1）使用“百度”搜索引擎查找电子工业出版社的网站地址。
（2）使用关键词检索格式对网页进行搜索。
（3）使用“新浪”搜索引擎的分类目录查询方式查找网络中关于庐山的网站。</td></tr>
<tr><td rowspan="3">教学目标</td><td>方法能力</td><td>（1）能够有效地获取、利用和传递信息。
（2）能够在工作中寻求发现问题和解决问题的途径。
（3）能够独立学习，不断获取新的知识和技能。
（4）能够对所完成工作的质量进行自我控制及正确评价。</td><td rowspan="3">考核方式</td><td colspan="2" rowspan="3">过程考核与终结考核
过程考核：小组设计成果（30%）、个人完成成果（30%）
终结考核：总结反思报告（40%）</td></tr>
<tr><td>社会能力</td><td>（1）在工作中能够良好沟通，掌握一定的交流技巧。
（2）公正坦诚、乐于助人，学会与人相处。
（3）做事认真、细致，有自制力和自控力。
（4）有较强的团队协作精神和环境意识。</td></tr>
<tr><td>专业能力</td><td>（1）能够使用关键词的方式进行网页搜索。
（2）能够使用不同的关键词检索格式进行网页搜索。</td></tr>
<tr><td>教学环境</td><td colspan="5">为每位学生配备的计算机应具备如下的软硬件环境。
软件环境：Windows XP（IE 浏览器）、相关网站的网址。
硬件环境：网络环境、海报纸、投影屏幕、展示板。</td></tr>
</table>

教学单元设计实施方案架构

<table>
<tr><th>教学内容</th><th>教师行动</th><th>学生行动</th><th>组织方式</th><th>教学方法</th><th>资源与媒介</th><th>时间（分）</th></tr>
<tr><td rowspan="2">1. 任务提出</td><td>教师解释具体工作任务</td><td>接受工作任务</td><td rowspan="2">集中</td><td rowspan="2">引导文法</td><td rowspan="2">投影屏幕</td><td rowspan="2">5</td></tr>
<tr><td>提问：怎样快速地从网络中找到需要的网页</td><td>思考如何在网络环境中进行搜索</td></tr>
<tr><td rowspan="2">2. 知识讲授与操作演示</td><td>教师讲解搜索引擎的概念和用法</td><td>思考使用搜索引擎有什么便利</td><td rowspan="2">集中</td><td rowspan="2">讲授</td><td rowspan="2">投影屏幕</td><td rowspan="2">10</td></tr>
<tr><td>演示使用网络搜索引擎进行网页的搜索，进行检索格式的设置，比较关键词查询和分类目录查询两种搜索方式</td><td>掌握使用多种方法进行网页搜索</td></tr>
<tr><td rowspan="3">3. 学生讨论</td><td rowspan="3">巡视检查、记录回答学生提问</td><td>讨论使用关键词查询时利用多种检索格式对搜索结果有何影响</td><td>分组（4人一组，随机组合）</td><td>头脑风暴</td><td>计算机</td><td rowspan="3">15</td></tr>
<tr><td>掌握多种搜索引擎的使用方法</td><td>分组（4人一组，随机组合）</td><td>头脑风暴</td><td>计算机</td></tr>
<tr><td>设计不同检索格式产生的搜索结果，使用海报纸展示小组设计成果</td><td>分组（4人一组，随机组合）</td><td>可视化</td><td>海报纸和展示板</td></tr>
<tr><td>4. 完成工作任务</td><td>巡视检查、记录</td><td>利用搜索引擎进行指定网页的查找</td><td>独立</td><td>自主学习</td><td>计算机</td><td>5</td></tr>
<tr><td rowspan="2">5. 总结评价与提高</td><td>根据先期观察记录，挑选出具有代表性的几个小组的最终作品，随机抽取学生对其进行初步点评</td><td>倾听点评</td><td>分组、集中</td><td>自主学习</td><td>计算机和投影屏幕</td><td rowspan="2">10</td></tr>
<tr><td>对任务完成情况进行总结（如对检索关键词格式的设置等）</td><td>倾听总结，对自己的整个工作任务的完成过程进行反思，并书写总结报告</td><td>集中</td><td>讲授、归纳总结法</td><td>计算机和投影屏幕</td></tr>
</table>

教学单元设计实施方案细则

1．任务提出（5 分钟）
教师提出具体的工作任务——小王在上网的过程中经常需要查找一些资料，每次让他最头痛的事情就是找不到相关的网站。小李听说后，告诉小王不必烦恼，其实在网络中有一个工具叫做搜索引擎，利用搜索引擎，可以方便地将大量相关的网站显示出来。在本任务中，主要是利用搜索引擎对网络中的信息进行搜索。 此时教师展示几个搜索引擎网站，进行一次简单的关键词搜索，明确本次任务是利用搜索引擎进行网页查找。 提问：怎样快速地从网络中找到需要的网页？
2．知识讲授与操作演示（10 分钟）
（1）教师讲授搜索引擎的基本概念及使用方法。 背景资料：搜索引擎 搜索引擎是一种能够收集、组织和处理 Internet 中信息资源，并向用户提供检索服务的系统。能够提供检索服务的搜索引擎有许多，比较知名的有“百度”（www.baidu.com），“谷歌”（www.google.cn）等。 背景资料：搜索关键词 在进行网站搜索时，不需要知道网站的域名。用户只需输入一个或几个关键词进行搜索即可。一般情况下，关键词表示的是用户搜索的意向，如搜索“新闻”，搜索结果即为有新闻内容的网站。 关键词可以是一个，也可以是多个。如果输入多个关键词，每个关键词之间需要用空格分隔开。 背景资料：检索格式 检索格式是用户为了更为精确地查询网站所采用的限制方法，在利用关键词查询时，对输入的关键词设置一些检索格式，可以减少不必要的搜索结果的干扰。例如，本任务中搜索关键词“＋篮球　－NBA”。“＋”号限定关键词一定要出现在结果中，“－”号限定关键词一定不要出现在结果中，两个关键词之间用空格分隔，搜索的结果就是除 NBA 以外的有关篮球的资料。 （2）教师演示如何使用网络搜索引擎进行网页的搜索，并进行检索格式的设置，比较关键词查询和分类目录查询两种搜索方式。 提问：请随机组成小组（4 人一组），大家一起来讨论搜索引擎有哪些类型，使用搜索引擎有哪些方法？
3．学生讨论（15 分钟）
（1）学生随机每 4 人组成一个研究讨论小组，每组自行选出组长。由组长主持讨论使用关键词查询时利用多种检索格式对搜索结果有何影响。 （2）学生以小组为单位，进行指定相关内容的网页搜索，记录使用的方法，看一看哪种方法既快又准。最后，展示自己小组讨论的成果。 （3）教师在此过程中不讲授任何内容，完全由学生带着问题自己来完成讨论过程，教师只充当咨询师的角色，并认真检查记录学生讨论的情况，以便考核学生。
4．完成工作任务（5 分钟）
学生利用小组讨论掌握的方法，搜索关于旅游资源的网页。

5．总结评价与提高（10 分钟）

总结评价

（1）教师依据学生讨论及完成工作过程中的行动记录，挑选出具有代表性的几个小组的工作成果，随机抽取几个学生对其进行点评，说出优点与不足之处。

教师总结：搜索引擎的最大优点就是能够快捷方便地从众多网页中找到需要的内容。

注意：使用搜索引擎进行搜索的对象不仅局限于网页，还可以是文件、图片、音乐等多种对象。

（2）教师总结与学生总结相结合，对使用搜索引擎的不同方法进行总结（如分类目录搜索等）。

（3）学生对自己完成的工作进行总结与反思，主要写出自己在小组讨论与完成工作任务的过程中的收获，并提交书面总结报告。

提高

请根据本任务的内容，搜索自己所在城市的情况简介（快速正确，并能得到翔实内容，酌情给予 3～5 分的加分）。

任务 6——申请免费电子邮箱

教学单元设计实施方案

<table>
<tr><td colspan="2">教学单元名称</td><td>申请免费电子邮箱</td><td colspan="2">课时</td><td>1 学时</td></tr>
<tr><td colspan="2" rowspan="2">所属章节</td><td>第 3 章 探索 Internet</td><td colspan="2" rowspan="2">授课班级</td><td rowspan="2"></td></tr>
<tr><td>学习单元 3.4 使用电子邮件
任务 1 申请免费电子邮箱</td></tr>
<tr><td colspan="2">任务描述</td><td colspan="4">新年快到了，小王想和远在加拿大的姑妈进行联系，并寄一张贺卡给姑妈。小李告诉小王，如果直接寄信，不但耗时久，而且费用高，还不如在网络中发送电子邮件和电子贺卡。小王认为这是一个好主意，但是怎样才能收发电子邮件呢？在本任务中，主要就是进行在网上申请电子邮箱的操作。</td></tr>
<tr><td colspan="2">任务分析</td><td colspan="4">通过本任务的学习，熟悉在线申请免费电子邮箱的一般步骤，牢记自己的电子邮箱账号和密码。会使用网站提供的功能对自己的电子邮箱进行基本设置。完成本任务主要有以下几个操作。
（1）申请免费电子邮箱。
（2）登录邮箱并进行相关配置。</td></tr>
<tr><td rowspan="3">教学目标</td><td>方法能力</td><td>（1）能够有效地获取、利用和传递信息。
（2）能够在工作中寻求发现问题和解决问题的途径。
（3）能够独立学习，不断获取新的知识和技能。
（4）能够对所完成工作的质量进行自我控制及正确评价。</td><td rowspan="3">考核方式</td><td colspan="2" rowspan="3">过程考核与终结考核
过程考核：小组设计成果（30%）、个人完成成果（30%）
终结考核：总结反思报告（40%）</td></tr>
<tr><td>社会能力</td><td>（1）在工作中能够良好沟通，掌握一定的交流技巧。
（2）公正坦诚、乐于助人，学会与人相处。
（3）做事认真、细致，有自制力和自控力。
（4）有较强的团队协作精神和环境意识。</td></tr>
<tr><td>专业能力</td><td>（1）能够在因特网中的邮件网站中注册一个免费电子邮箱。
（2）能够对自己的电子邮箱进行设置。</td></tr>
<tr><td>教学环境</td><td colspan="5">为每位学生配备的计算机具备如下的软硬件环境。
软件环境：Windows XP（IE 浏览器），相关网站的网址。
硬件环境：网络环境、海报纸、投影屏幕、展示板。</td></tr>
</table>

教学单元设计实施方案架构

教学内容	教师行动	学生行动	组织方式	教学方法	资源与媒介	时间（分）
1．任务提出	教师解释具体工作任务	接受工作任务	集中	引导文法	投影屏幕	5
	提问：生活中给外地的亲友寄信，一般需要多长时间，费用怎样计算	思考如何与外地亲友进行书信交往				
2．知识讲授与操作演示	教师讲解电子邮件、电子邮箱的概念	了解电子邮件的优点，了解电子邮箱	集中	讲授	投影屏幕	10
	演示申请免费电子邮箱的过程	仔细观察教师的演示操作				
	演示对电子邮箱进行设置的过程	仔细观察教师的演示操作				
3．学生讨论	巡视检查、记录 回答学生提问	讨论在其他网站中申请电子邮箱的操作	分组（4人一组，随机组合）	头脑风暴	计算机	15
		掌握在电子邮箱中进行各种设置的方式方法	分组（4人一组，随机组合）	头脑风暴	计算机	
		设置电子邮箱，使用海报纸展示小组设计成果（进行了哪些设置）	分组（4人一组，随机组合）	可视化	计算机、海报纸和展示板	
4．完成工作任务	巡视检查、记录	登录申请的电子邮箱，进行设置	独立	自主学习	计算机	5
5．总结评价与提高	根据先期观察记录，挑选出具有代表性的几个小组的最终作品，随机抽取学生对其进行初步点评	倾听点评	分组、集中	自主学习	计算机和投影屏幕	10
	对任务完成情况进行总结（如自己获得的电子邮件地址等）	倾听总结，对自己的整个工作任务的完成过程进行反思，并书写总结报告	集中	讲授、归纳总结法	计算机和投影屏幕	

教学单元设计实施方案细则

1．任务提出（5分钟）
教师提出具体的工作任务——新年快到了，小王想和远在加拿大的姑妈进行联系，并寄一张贺卡给姑妈。小李告诉小王，如果直接寄信，不但耗时久，而且费用高，还不如在网络中发送电子邮件和电子贺卡。小王认为这是一个好主意，但是怎样才能收发电子邮件呢？在本任务中，主要就是进行在网上申请电子邮箱的操作。 明确本任务就是在网络环境中申请一个电子邮箱并进行设置。 提问：生活中给外地的亲友寄信，一般需要多长时间，费用怎样计算？
2．知识讲授与操作演示（10分钟）
（1）教师讲授电子邮箱的相关知识和基本概念。 背景资料：电子邮件地址 由于 E-mail 是直接寻址到用户的，而不仅仅到计算机，所以个人的名字或有关说明也要编入 E-mail 地址中，Internet 的电子邮箱地址组成如下： 用户名@电子邮件服务器域名 地址表明以用户名命名的邮箱是建立在符号@后面说明的电子邮件服务器上的，该服务器就是向用户提供电子邮政服务的“邮局”。例如，wanglei@126.com，这里 wanglei 是某人的电子邮箱名称，126.com 则是邮件服务器的域名。 （2）教师演示申请免费电子邮箱，并对电子邮箱进行设置的过程。 提问：请随机组成小组（4 人一组），大家一起来讨论能不能在其他网站中申请电子邮箱，并请尝试一下还可以对电子邮箱进行哪些设置。
3．学生讨论（15分钟）
（1）学生随机每 4 人组成一个研究讨论小组，每组自行选出组长。由组长主持讨论在其他网站中申请电子邮箱的操作，并尝试一下还可以对电子邮箱进行哪些设置。 （2）学生以小组为单位展示自己小组申请的电子邮箱，以及对电子邮箱进行了哪些设置。 （3）教师在此过程中不讲授任何内容，完全由学生带着问题自己来完成讨论过程，教师只充当咨询师的角色，并认真检查记录学生讨论的情况，以便考核学生。
4．完成工作任务（5分钟）
学生利用小组讨论掌握的方法，登录申请的电子邮箱，进行设置。
5．总结评价与提高（10分钟）
总结评价 （1）教师依据学生讨论及完成工作过程中的行动记录，挑选出具有代表性的几个小组的工作成果，随机抽取几个学生对其进行点评，说出优点与不足之处。 教师总结：申请电子邮箱时所使用的用户名是有一定要求的，如果在申请注册之前该用户名已经存在，那么就必须注册另一个用户名。 注意：注册邮箱的口令应具有较高的安全性，一般不要以纯数字表示。 （2）教师总结与学生总结相结合，对同学们申请的电子邮箱进行总结（如每位同学的电子邮箱地址等）。 （3）学生对自己完成的工作进行总结与反思，主要写出自己在小组讨论与完成工作任务的过程中的收获，并提交书面总结报告。 提高 利用自己喜欢的搜索引擎搜索类似的免费电子邮箱，并进行注册申请操作（操作无误，酌情给予 3～5 分的加分）。

任务 7 ——收发电子邮件

教学单元设计实施方案

<table>
<tr><td colspan="2">教学单元名称</td><td>收发电子邮件</td><td>课时</td><td>1 学时</td></tr>
<tr><td colspan="2" rowspan="2">所属章节</td><td>第 3 章 探索 Internet</td><td rowspan="2">授课班级</td><td rowspan="2"></td></tr>
<tr><td>学习单元 3.4　使用电子邮件
任务 2　收发电子邮件</td></tr>
<tr><td colspan="2">任务描述</td><td colspan="3">小王申请了一个网络电子邮箱后，准备给姑妈寄电子邮件了。可是，该怎样发送电子邮件呢？电子邮件中可以包含哪些对象呢？小李告诉小王，发送的电子邮件中，可以加上声音、图片、动画等多种文件对象。在本任务中，主要学习的就是收发电子邮件的操作。</td></tr>
<tr><td colspan="2">任务分析</td><td colspan="3">通过申请的免费电子邮箱进行电子邮件的发送和接收，完成本任务主要有以下操作。
（1）编辑邮件并添加附件。
（2）发送电子邮件。
（3）阅读接收的电子邮件。</td></tr>
<tr><td rowspan="3">教学目标</td><td>方法能力</td><td>（1）能够有效地获取、利用和传递信息。
（2）能够在工作中寻求发现问题和解决问题的途径。
（3）能够独立学习，不断获取新的知识和技能。
（4）能够对所完成工作的质量进行自我控制及正确评价。</td><td rowspan="3">考核方式</td><td rowspan="3">过程考核与终结考核
过程考核：小组设计成果（30%）、个人完成成果（30%）
终结考核：总结反思报告（40%）</td></tr>
<tr><td>社会能力</td><td>（1）在工作中能够良好沟通，掌握一定的交流技巧。
（2）公正坦诚、乐于助人，学会与人相处。
（3）做事认真、细致，有自制力和自控力。
（4）有较强的团队协作精神和环境意识。</td></tr>
<tr><td>专业能力</td><td>（1）能够编辑电子邮件。
（2）能够添加电子邮件的附件。
（3）能够阅读和发送电子邮件。</td></tr>
<tr><td>教学环境</td><td colspan="4">为每位学生配备的计算机具备如下的软硬件环境。
软件环境：Windows XP（IE 浏览器），相关网站的网址。
硬件环境：网络环境、海报纸、投影屏幕、展示板。</td></tr>
</table>

教学单元设计实施方案架构

<table>
<tr><th>教学内容</th><th>教师行动</th><th>学生行动</th><th>组织方式</th><th>教学方法</th><th>资源与媒介</th><th>时间（分）</th></tr>
<tr><td rowspan="2">1．任务提出</td><td>教师解释具体工作任务</td><td>接受工作任务</td><td rowspan="2">集中</td><td rowspan="2">引导文法</td><td rowspan="2">投影屏幕</td><td rowspan="2">5</td></tr>
<tr><td>提问：在生活中，给别人寄信时应该包含哪些信息</td><td>思考寄信时如果没有写收信人地址，信能否被寄出去</td></tr>
<tr><td rowspan="2">2．知识讲授与操作演示</td><td>教师讲解电子邮件服务器的概念</td><td>思考如果发送电子邮件时，对方计算机没有开机会不会对电子邮件的发送产生影响</td><td rowspan="2">集中</td><td rowspan="2">讲授</td><td rowspan="2">投影屏幕</td><td rowspan="2">10</td></tr>
<tr><td>演示在电子邮件中添加附件，并进行发送邮件的操作</td><td>掌握编辑和发送电子邮件的方法</td></tr>
<tr><td rowspan="3">3．学生讨论</td><td rowspan="3">巡视检查、记录回答学生提问</td><td>探究在电子邮件中可以添加哪些类型的附件</td><td>分组（4 人一组，随机组合）</td><td>头脑风暴</td><td>计算机</td><td rowspan="3">15</td></tr>
<tr><td>掌握发送电子邮件的多种设置方式</td><td>分组（4 人一组，随机组合）</td><td>头脑风暴</td><td>计算机</td></tr>
<tr><td>使用海报纸展示小组设计的成果</td><td>分组（4 人一组，随机组合）</td><td>可视化</td><td>海报纸和展示板</td></tr>
<tr><td>4．完成工作任务</td><td>巡视检查、记录</td><td>发送一个带附件的电子邮件</td><td>独立</td><td>自主学习</td><td>计算机</td><td>5</td></tr>
<tr><td rowspan="2">5．总结评价与提高</td><td>根据先期观察记录，挑选出具有代表性的几个小组的最终作品，随机抽取学生对其进行初步点评</td><td>倾听点评</td><td>分组、集中</td><td>自主学习</td><td>计算机和投影屏幕</td><td rowspan="2">10</td></tr>
<tr><td>对任务完成情况进行总结（如邮件中的附件不能是文件夹等）</td><td>倾听总结，对自己的整个工作任务的完成过程进行反思，并书写总结报告</td><td>集中</td><td>讲授、归纳总结法</td><td>计算机和投影屏幕</td></tr>
</table>

教学单元设计实施方案细则

1．任务提出（5分钟）
教师提出具体的工作任务——小王申请了一个网络电子邮箱后，准备给姑妈寄电子邮件了。可是，该怎样发送电子邮件呢？电子邮件中可以包含哪些对象呢？小李告诉小王，发送的电子邮件中，可以加上声音、图片、动画等多种文件对象。在本任务中，主要学习的就是收发电子邮件的操作。 使学生明确要发送一份带附件的电子邮件这样一个任务。 提问：在生活中，给别人寄信时应该包含哪些信息？
2．知识讲授与操作演示（10分钟）
（1）教师讲授电子邮件服务器的基本概念。 背景资料：电子邮件服务器 Internet 上有很多处理电子邮件的计算机，与用户相关的电子邮件服务器有两种类型：发送邮件服务器和接收邮件服务器。发送邮件服务器遵循的是简单邮件传输协议（SMTP），其作用是将用户发出的电子邮件转交到收件人的邮件服务器中。接收邮件服务器采用邮局协议（POP3），用于将其他人发送来的电子邮件暂时寄存，直到用户从服务器上将邮件取到本地机上阅读为止。E-mail 地址中@后的电子邮件服务器就是一个 POP3 服务器名称。 （2）教师演示在电子邮件中添加附件，并进行发送邮件的操作。 提问：请随机组成小组（4 人一组），大家一起来讨论在电子邮件中可以添加哪些类型的附件。
3．学生讨论（15分钟）
（1）学生随机每 4 人组成一个研究讨论小组，每组自行选出组长。由组长主持讨论在电子邮件中可以添加哪些类型的附件，在发送电子邮件时是否可以进行定时发送等设置。 （2）学生以小组为单位展示自己小组设计的讨论成果。 （3）教师在此过程中不讲授任何内容，完全由学生带着问题自己来完成讨论过程，教师只充当咨询师的角色，并认真检查记录学生讨论的情况，以便考核学生。
4．完成工作任务（5分钟）
学生利用小组讨论掌握的方法，发送一个带附件的电子邮件。
5．总结评价与提高（10分钟）
总结评价 （1）教师依据学生讨论及完成工作过程中的行动记录，挑选出具有代表性的几个小组的工作成果，随机抽取几个学生对其进行点评，说出优点与不足之处。 教师总结：电子邮件以其快捷、便利等特点逐步取代了传统书信的作用。在发送电子邮件时，可以在电子邮件中添加附件，以发送图片、声音、动画等多种文件，但所添加的附件不能是文件夹。 如果需要发送整个文件夹中的内容，可使用压缩软件对文件夹进行打包。 （2）教师总结与学生总结相结合，对电子邮件中一般包含的内容进行总结（如主题等）。 （3）学生对自己完成的工作进行总结与反思，主要写出自己在小组讨论与完成工作任务的过程中的收获，并提交书面总结报告。 提高 尝试同时给自己的几个好友发送电子邮件，掌握群发的方法（回答正确，并能操作讲解明白，酌情给予 3～5 分的加分）。

任务 8 ——使用即时通信软件

教学单元设计实施方案

<table>
<tr><td colspan="2">教学单元名称</td><td>使用即时通信软件</td><td>课时</td><td>1 学时</td></tr>
<tr><td colspan="2" rowspan="2">所属章节</td><td>第 3 章 探索 Internet</td><td rowspan="2">授课班级</td><td rowspan="2"></td></tr>
<tr><td>学习单元 3.5　常用网络平台的使用
任务 2　使用即时通信软件</td></tr>
<tr><td colspan="2">任务描述</td><td colspan="3">小王成功地给姑妈发送了电子邮件和电子贺卡。小王很高兴，给许多朋友和同学也相继发送了电子邮件。但是，发送邮件和接收回信的过程太漫长，小王想：“能不能和朋友进行网络聊天呢？”小李告诉小王，只要下载一个网络即时通信软件，就可以方便地与好友进行网络聊天了。在本任务中，就是要利用网络即时通信软件进行网络聊天。</td></tr>
<tr><td colspan="2">任务分析</td><td colspan="3">本任务主要有以下操作。
（1）安装 QQ 软件。
（2）登录 QQ 并添加好友。
（3）与 QQ 好友进行交流。</td></tr>
<tr><td rowspan="3">教学目标</td><td>方法能力</td><td>（1）能够有效地获取、利用和传递信息。
（2）能够在工作中寻求发现问题和解决问题的途径。
（3）能够独立学习，不断获取新的知识和技能。
（4）能够对所完成工作的质量进行自我控制及正确评价。</td><td rowspan="3">考核方式</td><td rowspan="3">过程考核与终结考核
过程考核：小组设计成果（30%）、个人完成成果（30%）
终结考核：总结反思报告（40%）</td></tr>
<tr><td>社会能力</td><td>（1）在工作中能够良好沟通，掌握一定的交流技巧。
（2）公正坦诚、乐于助人，学会与人相处。
（3）做事认真、细致，有自制力和自控力。
（4）有较强的团队协作精神和环境意识。</td></tr>
<tr><td>专业能力</td><td>（1）能够安装软件。
（2）能够在 QQ 中添加好友。
（3）能够通过 QQ 进行网络即时通信。</td></tr>
<tr><td>教学环境</td><td colspan="4">为每位学生配备的计算机具备如下的软硬件环境。
软件环境：Windows XP（IE 浏览器），QQ 软件安装文件。
硬件环境：网络环境、海报纸、投影屏幕、展示板。</td></tr>
</table>

教学单元设计实施方案架构

教学内容	教师行动	学生行动	组织方式	教学方法	资源与媒介	时间（分）
1. 任务提出	教师解释具体工作任务	接受工作任务	集中	引导文法	投影屏幕	5
	提问：在现实生活中有哪些通信手段可以让人们进行即时交流	思考如何在网络中进行即时通信				
2. 知识讲授与操作演示	教师介绍即时通信软件	思考如何获得即时通信软件	集中	讲授	投影屏幕	10
	演示 QQ 的安装及相关的各种操作方法	掌握 QQ 的相关操作方法				
3. 学生讨论	巡视检查、记录回答学生提问	探究多人同时进行即时通信的方式	分组（4 人一组，随机组合）	头脑风暴	计算机	15
		掌握 QQ 的安装及相关的各种操作方法	分组（4 人一组，随机组合）	头脑风暴	计算机	
		尝试在网络中使用 QQ 查找好友的操作，使用海报纸展示操作步骤	分组（4 人一组，随机组合）	可视化	海报纸和展示板	
4. 完成工作任务	巡视检查、记录	在 QQ 中与好友进行网络即时通信	独立	自主学习	计算机	5
5. 总结评价与提高	根据先期观察记录，挑选出具有代表性的几个小组的最终作品，随机抽取学生对其进行初步点评	倾听点评	分组、集中	自主学习	计算机和投影屏幕	10
	对任务完成情况进行总结（如对添加的 QQ 好友进行分组等）	倾听总结，对自己的整个工作任务的完成过程进行反思，并书写总结报告	集中	讲授、归纳总结法	计算机和投影屏幕	

教学单元设计实施方案细则

1．任务提出（5 分钟）
教师提出具体的工作任务——小王成功地给姑妈发送了电子邮件和电子贺卡。小王很高兴，给许多朋友和同学也相继发送了电子邮件。但是，发送邮件和接收回信的过程太漫长，小王想："能不能和朋友进行网络聊天呢？"小李告诉小王，只要下载一个网络即时通信软件，就可以方便地与好友进行网络聊天了。在本任务中，就是要利用网络即时通信软件进行网络聊天。 此时，教师登录一个 QQ 软件，明确本任务的主要内容是安装 QQ 软件并进行 QQ 的相关操作。 提问：在现实生活中有哪些通信手段可以让人们进行即时交流？
2．知识讲授与操作演示（10 分钟）
（1）教师讲授即时通信软件的基本概念。 背景资料：即时通信软件 除了电子邮件，另外一个重要的网络通信应用——即时通信，更是成为网民们通信和交流的首选。即时通信工具，包括 QQ、MSN、Skype 等，它们可以让远隔重洋的人们通过文字、语音或者视频进行实时的交流，相比电话等传统通信工具，即时通信工具有着方便、多样化和廉价的优势。 （2）教师演示 QQ 的安装及相关的各种操作 请随机组成小组（4 人一组），大家一起来讨论多人同时进行即时通信的方式。
3．学生讨论（15 分钟）
（1）学生随机每 4 人组成一个研究讨论小组，每组自行选出组长。由组长主持讨论多人同时进行即时通信的方式。学生安装一个 QQ 软件，并将本组成员添加为好友，进行网络即时通信。 （2）学生以小组为单位展示自己小组的操作结果和讨论成果，以海报纸展示步骤要点。 （3）教师在此过程中不讲授任何内容，完全由学生带着问题自己来完成讨论过程，教师只充当咨询师的角色，并认真检查记录学生讨论的情况，以便考核学生。
4．完成工作任务（5 分钟）
学生利用小组探究掌握的方法，使用 QQ 进行网络即时通信。
5．总结评价与提高（10 分钟）
总结评价 （1）教师依据学生讨论及完成工作过程中的行动记录，挑选出具有代表性的几个小组的工作成果，随机抽取几个学生对其进行点评，说出优点与不足之处。 教师总结：QQ 软件的主要作用是进行即时的网络通信，并且支持多人通信（建立群），而且使用 QQ 软件还可以实现文件传送、语音聊天、视频聊天等多种功能。 注意：QQ 软件也可以进行收发电子邮件的操作。 （2）教师总结与学生总结相结合，对 QQ 软件的操作特性进行总结（如 QQ 的安全性等）。 （3）学生对自己完成的工作进行总结与反思，主要写出自己在小组讨论与完成工作任务的过程中的收获，并提交书面总结报告。 提高 建立 QQ 班级群，并加入到该群与同学进行交流（操作正确有条理，酌情给予 3～5 分的加分）。

任务 9 ——下载文件

教学单元设计实施方案

<table>
<tr><td colspan="2">教学单元名称</td><td>下载文件</td><td>课时</td><td>1 学时</td></tr>
<tr><td colspan="2" rowspan="2">所属章节</td><td>第 3 章 探索 Internet</td><td rowspan="2">授课班级</td><td rowspan="2"></td></tr>
<tr><td>学习单元 3.5 常用网络平台的使用
任务 1 下载文件</td></tr>
<tr><td colspan="2">任务描述</td><td colspan="3">小李帮小王安装了网络聊天软件 QQ 后，小王很方便地与好友们进行了网上聊天。可是有一次小王不小心将计算机中的 QQ 删除了，小王着急地找到小李，小李却不慌不忙地告诉小王说：“没关系，你只要从网上再下载一个 QQ 的安装文件就可以了。”
在本任务中，主要进行从因特网中下载文件的操作。</td></tr>
<tr><td colspan="2">任务分析</td><td colspan="3">本任务以下载 QQ 的安装程序为例，进行文件的下载操作，完成本任务主要有以下操作。
（1）在网络中查找可下载 QQ 安装程序的网站。
（2） 选择可下载的文件。
（3） 使用“迅雷”下载工具对文件进行下载。</td></tr>
<tr><td rowspan="3">教学目标</td><td>方法能力</td><td>（1）能够有效地获取、利用和传递信息。
（2）能够在工作中寻求发现问题和解决问题的途径。
（3）能够独立学习，不断获取新的知识和技能。
（4）能够对所完成工作的质量进行自我控制及正确评价。</td><td rowspan="3">考核方式</td><td rowspan="3">过程考核与终结考核
过程考核：小组设计成果（30%）、个人完成成果（30%）
终结考核：总结反思报告（40%）</td></tr>
<tr><td>社会能力</td><td>（1）在工作中能够良好沟通，掌握一定的交流技巧。
（2）公正坦诚、乐于助人，学会与人相处。
（3）做事认真、细致，有自制力和自控力。
（4）有较强的团队协作精神和环境意识。</td></tr>
<tr><td>专业能力</td><td>（1）能够通过搜索引擎查找软件下载的网站。
（2）能够使用“迅雷”等下载工具进行文件的下载。</td></tr>
<tr><td>教学环境</td><td colspan="4">为每位学生配备的计算机具备如下的软硬件环境。
软件环境：Windows XP（IE 浏览器），相关网站的网址。
硬件环境：网络环境、海报纸、投影屏幕、展示板。</td></tr>
</table>

教学单元设计实施方案架构

教学内容	教师行动	学生行动	组织方式	教学方法	资源与媒介	时间（分）
1. 任务提出	教师解释具体工作任务	接受工作任务	集中	引导文法	投影屏幕	5
	提问：前一个任务中QQ的安装文件是从哪里来的	思考如何从网络中获取QQ软件的安装文件				
2. 知识讲授与操作演示	教师讲解有哪些常用的下载工具	思考不同的下载工具有没有什么共同点	集中	讲授	投影屏幕	10
	演示使用“迅雷”软件下载QQ软件的安装文件	掌握下载工具的使用方法				
3. 学生讨论	巡视检查、记录 回答学生提问	掌握“迅雷”下载工具的操作方法	分组（4人一组，随机组合）	头脑风暴	计算机	15
		探究其他下载工具的操作方式	分组（4人一组，随机组合）	头脑风暴	计算机	
		将小组探究的多种下载工具归纳总结，使用海报纸展示小组探究成果	分组（4人一组，随机组合）	可视化	海报纸和展示板	
4. 完成工作任务	巡视检查、记录	使用“迅雷”下载QQ安装文件	独立	自主学习	计算机	5
5. 总结评价与提高	根据先期观察记录，挑选出具有代表性的几个小组的最终作品，随机抽取学生对其进行初步点评	倾听点评	分组、集中	自主学习	计算机和投影屏幕	10
	对任务完成情况进行总结（如下载文件存放位置等）	倾听总结，对自己的整个工作任务的完成过程进行反思并书写总结报告	集中	讲授、归纳总结法	计算机和投影屏幕	

教学单元设计实施方案细则

1．任务提出（5 分钟）
教师提出具体的工作任务——小李帮小王安装了网络聊天软件 QQ 后，小王很方便地与好友们进行了网上聊天。可是有一次小王不小心将计算机中的 QQ 删除了，小王着急地找到小李，小李却不慌不忙地告诉小王说："没关系，你只要从网上再下载一个 QQ 的安装文件就可以了。" 让学生明确，本任务是要完成从因特网中下载文件的操作。 提问：前一个任务中 QQ 的安装文件是从哪里来的？
2．知识讲授与操作演示（10 分钟）
（1）教师讲授下载工具的基本概念。 背景资料：下载工具 通常情况下，如果下载的是安装程序文件，得到的是一个压缩文件包，所以用户在进行安装之前需要先进行解压缩操作。 下载所使用的工具软件有很多种，除本例中所使用的"迅雷"软件之外，还有"超级旋风"、"快车（FlashGet）"、"电驴（eMule）"和"比特彗星（BitComet）"等，读者可按实际情况选择下载工具。 （2）教师演示使用"迅雷"软件下载 QQ 软件的安装文件。 请随机组成小组（4 人一组），大家一起来讨论其他下载工具的操作方式。
3．学生讨论（15 分钟）
（1）学生随机每 4 人组成一个研究讨论小组，每组自行选出组长。由组长主持讨论其他下载工具的操作方式。 （2）学生以小组为单位展示自己小组讨论的多种下载工具，并归纳操作方式的异同点，收集一些可提供文件下载的网站的地址，使用海报纸展示小组讨论成果。 （3）教师在此过程中不讲授任何内容，完全由学生带着问题自己来完成讨论过程，教师只充当咨询师的角色，并认真检查记录学生讨论的情况，以便考核学生。
4．完成工作任务（5 分钟）
学生使用"迅雷"下载 QQ 安装文件。
5．总结评价与提高（10 分钟）
总结评价 （1）教师依据学生讨论及完成工作过程中的行动记录，挑选出具有代表性的几个小组的工作成果，随机抽取几个学生对其进行点评，说出优点与不足之处。 教师总结：使用下载工具进行文件下载时，应该先找到提供文件下载的网站。下载文件时要事先设定存放的位置。 （2）教师总结与学生总结相结合，对下载文件的操作进行总结（如下载文件的网站等）。 （3）学生对自己完成的工作进行总结与反思，主要写出自己在小组讨论与完成工作任务的过程中的收获，并提交书面总结报告。 提高 请在 Internet 中搜索并下载一种汉字输入法到自己的计算机中（操作结果成确，酌情给予 3～5 分的加分）。

任务10 ——申请和建立个人博客

教学单元设计实施方案

<table>
<tr><td colspan="2">教学单元名称</td><td>申请和建立个人博客</td><td>课时</td><td>1学时</td></tr>
<tr><td colspan="2" rowspan="2">所属章节</td><td>第3章 探索 Internet</td><td rowspan="2">授课班级</td><td rowspan="2"></td></tr>
<tr><td>学习单元3.5 常用网络平台的使用
任务3 申请和建立个人博客</td></tr>
<tr><td colspan="2">任务描述</td><td colspan="3">小王通过这段时间的网络操作，深深地感到因特网的强大功能。最近小王听说可以在网络中创建个人博客。博客空间就像用户在网络中的家一样。小王赶忙去请教小李该怎样申请和建立个人博客，小李告诉小王，现在支持博客的网站有很多，只需到网站中进行注册就可以了。本任务以“百度”为例，进行申请和建立个人博客的操作。</td></tr>
<tr><td colspan="2">任务分析</td><td colspan="3">掌握申请和建立个人博客的方法，并在个人博客中发表文章。完成本任务主要有以下操作。
（1）在“百度空间”中申请个人博客。
（2）对自己的个人博客空间进行风格的设置。
（3）在个人博客中发表文章。</td></tr>
<tr><td rowspan="3">教学目标</td><td>方法能力</td><td>（1）能够有效地获取、利用和传递信息。
（2）能够在工作中寻求发现问题和解决问题的途径。
（3）能够独立学习，不断获取新的知识和技能。
（4）能够对所完成工作的质量进行自我控制及正确评价。</td><td rowspan="3">考核方式</td><td rowspan="3">过程考核与终结考核
过程考核：小组设计成果（30%）、个人完成成果（30%）
终结考核：总结反思报告（40%）</td></tr>
<tr><td>社会能力</td><td>（1）在工作中能够良好沟通，掌握一定的交流技巧。
（2）公正坦诚、乐于助人，学会与人相处。
（3）做事认真、细致，有自制力和自控力。
（4）有较强的团队协作精神和环境意识。</td></tr>
<tr><td>专业能力</td><td>（1）能够在网络中申请个人博客。
（2）能够设置博客空间的风格。
（3）能够在个人博客中发表文章。</td></tr>
<tr><td>教学环境</td><td colspan="4">为每位学生配备的计算机具备如下的软硬件环境。
软件环境：Windows XP（IE 浏览器），相关网站的网址。
硬件环境：网络环境、海报纸、投影屏幕、展示板。</td></tr>
</table>

教学单元设计实施方案架构

教学内容	教师行动	学生行动	组织方式	教学方法	资源与媒介	时间（分）
1. 任务提出	教师解释具体工作任务	接受工作任务	集中	引导文法	投影屏幕	5
	提问：在现实生活中，你有没有邀请过朋友们到自己家玩	思考如何在网络中建立一个自己的“家”				
2. 知识讲授与操作演示	教师讲解个人博客的概念	思考如何申请网络个人博客	集中	讲授	投影屏幕	10
	演示申请和建立个人博客的操作	精神集中，仔细观察教师的演示操作				
3. 学生讨论	巡视检查、记录回答学生提问	探究其他可以申请个人博客的网站和建立个人博客的方式	分组（4人一组，随机组合）	头脑风暴	计算机	15
		掌握多种个人博客的设置操作	分组（4人一组，随机组合）	头脑风暴	计算机	
		设计个人博客的架构，使用海报纸展示小组设计成果	分组（4人一组，随机组合）	可视化	计算机，海报纸和展示板	
4. 完成工作任务	巡视检查、记录	在自己申请的个人博客中发表文章	独立	自主学习	计算机	5
5. 总结评价与提高	根据先期观察记录，挑选出具有代表性的几个小组的最终作品，随机抽取学生对其进行初步点评	倾听点评	分组、集中	自主学习	计算机和投影屏幕	10
	对任务完成情况进行总结（如个人博客的风格等）	倾听总结，对自己的整个工作任务的完成过程进行反思并书写总结报告	集中	讲授、归纳总结法	计算机和投影屏幕	

单元教学设计实施方案细则

1．任务提出（5 分钟）

教师提出具体的工作任务——小王通过这段时间的网络操作，深深地感到因特网的强大功能。最近小王听说可以在网络中创建个人博客。博客空间就像用户在网络中的家一样。小王赶忙去请教小李该怎样申请和建立个人博客，小李告诉小王，现在支持博客的网站有很多，只需到网站中进行注册就可以了。本任务以“百度”为例，进行申请和建立个人博客的操作。

在这里，明确这个任务是要在网络中申请和建立自己的个人博客，并发表一篇文章。

提问：在现实生活中，你有没有邀请过朋友们到自己家玩？

2．知识讲授与操作演示（10 分钟）

（1）教师讲授个人博客的基本概念。

背景资料：个人博客

个人博客是一个开放的网络交流平台，用户可以在个人博客中自由地发表自己的文章和观点，访问者也可以自由地在用户的空间中进行留言。但是毕竟网络空间是一个虚拟社会，所以用户首先应当有一定的道德底线，不在网络中进行危害他人的活动；其次用户应当具有一定的自我保护意识，不要轻易地相信网络中别有用心的言论。

（2）教师演示申请和建立个人博客的操作。

请随机组成小组（4 人一组），大家一起来讨论其他可以申请个人博客的网站和建立个人博客的方式。

3．学生讨论（15 分钟）

（1）学生随机每 4 人组成一个研究讨论小组，每组自行选出组长。由组长主持讨论其他可以申请个人博客的网站。

（2）学生以小组为单位展示自己小组设计的个人博客。

（3）教师在此过程中不讲授任何内容，完全由学生带着问题自己来完成讨论过程，教师只充当咨询师的角色，并认真检查记录学生讨论的情况，以便考核学生。

4．完成工作任务（5 分钟）

学生利用小组讨论掌握的方法，在申请的个人博客中发表文章。

5．总结评价与提高（10 分钟）

总结评价

（1）教师依据学生讨论及完成工作过程中的行动记录，挑选出具有代表性的几个小组的工作成果，随机抽取几个学生对其进行点评，说出优点与不足之处。

教师总结：个人博客是用户在网络中的“家”，用户可以在个人博客中发表文章，也可以访问别人的博客并进行留言。

注意：在网络中留言时应注意遵守社会道德标准。

（2）教师总结与学生总结相结合，对个人博客的设置进行总结（如个人头像等）。

（3）学生对自己完成的工作进行总结与反思，主要写出自己在小组讨论与完成工作任务的过程中的收获，并提交书面总结报告。

提高

创建一个属于自己的个人空间，并对其进行风格的设置（视其个人空间的风格设置，酌情给予 3～5 分的加分）。

任务 11 ——体验信息化生活

教学单元设计实施方案

<table>
<tr><td colspan="2">教学单元名称</td><td>体验信息化生活</td><td colspan="2">课时</td><td>1 学时</td></tr>
<tr><td colspan="2" rowspan="2">所属章节</td><td>第 3 章 探索 Internet</td><td colspan="2" rowspan="2">授课班级</td><td rowspan="2"></td></tr>
<tr><td>学习单元 3.5 常用网络平台的使用
任务 4 体验信息化生活</td></tr>
<tr><td colspan="2">任务描述</td><td colspan="4">小王为了感谢这段时间小李的帮助，想在小李生日那天送一份礼物给他，可是送什么好呢？小王最近课程比较紧张，没有时间逛街挑选礼物。忽然，小王想起小李说过，到因特网中进行购物，即省时又方便，足不出户就可以选购许多种类的商品，为什么不去试试呢？在本任务中，就是要尝试一下在因特网中的信息化生活。</td></tr>
<tr><td colspan="2">任务分析</td><td colspan="4">以“淘宝网”为例，在因特网中进行购物，需要完成的操作有以下几个。
（1）进入“淘宝网”并注册一个淘宝网的账户。
（2）查找自己所需的商品。
（3）在网上购买商品。</td></tr>
<tr><td rowspan="3">教学目标</td><td>方法能力</td><td>（1）能够有效地获取、利用和传递信息。
（2）能够在工作中寻求发现问题和解决问题的途径。
（3）能够独立学习，不断获取新的知识和技能。
（4）能够对所完成工作的质量进行自我控制及正确评价。</td><td rowspan="3">考核方式</td><td colspan="2" rowspan="3">过程考核与终结考核
过程考核：小组设计成果（30%）、个人完成成果（30%）
终结考核：总结反思报告（40%）</td></tr>
<tr><td>社会能力</td><td>（1）在工作中能够良好沟通，掌握一定的交流技巧。
（2）公正坦诚、乐于助人，学会与人相处。
（3）做事认真、细致，有自制力和自控力。
（4）有较强的团队协作精神和环境意识。</td></tr>
<tr><td>专业能力</td><td>（1）能够在购物网站中进行注册。
（2）能够在网站中查找到要购买的商品。
（3）能够在网上进行购物。</td></tr>
<tr><td>教学环境</td><td colspan="5">为每位学生配备的计算机具备如下的软硬件环境。
软件环境：Windows XP（IE 浏览器），相关网站的网址。
硬件环境：网络环境、海报纸、投影屏幕、展示板。</td></tr>
</table>

教学单元设计实施方案架构

教学内容	教师行动	学生行动	组织方式	教学方法	资源与媒介	时间（分）
1. 任务提出	教师解释具体工作任务	接受工作任务	集中	引导文法	投影屏幕	5
	提问：现实生活中进行购物时，是不是要花大量的时间和精力	思考如何利用网络进行轻松的购物				
2. 知识讲授与操作演示	教师讲解网络购物的相关知识	思考网络购物的优势	集中	讲授	投影屏幕	10
	演示在网络中进行购物的操作方法	掌握网络购物的操作				
3. 学生讨论	巡视检查、记录回答学生提问	探究其他网络信息化生活的方式	分组（4人一组，随机组合）	头脑风暴	计算机	15
		掌握网络购物的操作方法	分组（4人一组，随机组合）	头脑风暴	计算机	
		将探究结果记录下来，使用海报纸展示小组成果	分组（4人一组，随机组合）	可视化	海报纸和展示板	
4. 完成工作任务	巡视检查、记录	在购物网站中进行模拟购物	独立	自主学习	计算机	5
5. 总结评价与提高	根据先期观察记录，挑选出具有代表性的几个小组的最终作品，随机抽取学生对其进行初步点评	倾听点评	分组、集中	自主学习	计算机和投影屏幕	10
	对任务完成情况进行总结（如网络购物付款方式等）	倾听总结，对自己的整个工作任务的完成过程进行反思并书写总结报告	集中	讲授、归纳总结法	计算机和投影屏幕	

教学单元设计实施方案细则

1．任务提出（5 分钟）

教师提出具体的工作任务——小王为了感谢这段时间小李的帮助，想在小李生日那天送一份礼物给他，可是送什么好呢？小王最近课程比较紧张，没有时间逛街挑选礼物。忽然，小王想起小李说过，到因特网中进行购物，即省时又方便，足不出户就可以选购许多种类的商品，为什么不去试试呢？在本任务中，就是要尝试一下在因特网中的信息化生活。

此时，教师展示“淘宝网”的主页，并明确任务是在网络中进行模拟购物的操作。

提问：现实生活中进行购物时，是不是要花大量的时间和精力？

2．知识讲授与操作演示（10 分钟）

（1）教师讲授网络购物的基本概念。

背景资料：网络购物

网络购物是 Internet 众多服务和应用中的一种，随着网络的发展，网络生活越来越精彩，Internet 蕴涵着无限商机。在网络的经济活动中，诚信是十分重要的，为了避免产生不必要的纠纷，我们在购物时应尽量到正规的网站，并注意对方的评价等级。付款时可选择“支付宝”进行支付，等货物收到后查验完成再进行确认付款。交易完成后按实际情况给予对方合理的评价也是一种负责任的好习惯。

网络生活中除了可以进行购物外，还有网络学校、网络职业介绍、网上银行等丰富多彩的服务内容。我们应跟随时代的脚步，适应网络信息化生活。

（2）教师演示在网络中进行购物的操作方法。

请随机组成小组（4 人一组），大家一起来讨论其他网络信息化生活的方式。

3．学生讨论（15 分钟）

（1）学生随机每 4 人组成一个研究讨论小组，每组自行选出组长。由组长主持讨论网络购物的操作方法，以及其他网络信息化生活的方式（如网上求职等）。

（2）学生以小组为单位将讨论结果记录下来，并进行展示。

（3）教师在此过程中不讲授任何内容，完全由学生带着问题自己来完成讨论过程，教师只充当咨询师的角色，并认真检查记录学生讨论的情况，以便考核学生。

4．完成工作任务（5 分钟）

学生利用小组探究掌握的方法，在购物网站中进行模拟购物。

5．总结评价与提高（10 分钟）

总结评价

（1）教师依据学生讨论及完成工作过程中的行动记录，挑选出具有代表性的几个小组的工作成果，随机抽取几个学生对其进行点评，说出优点与不足之处。

教师总结：网络购物以其独特的优势，越来越受到人们的喜爱。在网络中，人们不但可以进行购物，还能够进行网上求职、网上订车票等多种活动。

注意：网络购物应注意维护自己的权益。

（2）教师总结与学生总结相结合，对信息化生活方式进行总结（如网络对人们生活的影响等）。

（3）学生对自己完成的工作进行总结与反思，主要写出自己在小组讨论与完成工作任务的过程中的收获，并提交书面总结报告。

提高

在网络中搜索一些有关求职和单位招聘的信息，归纳一下，看一看有没有与自己专业相关的岗位和职业信息（归纳清楚无误，酌情给予 3～5 分的加分）。

第4章　文字处理软件的应用（Word 2007）

任务1——创建通知文档并输入内容

教学单元设计实施方案

<table>
<tr><td colspan="2">教学单元名称</td><td>创建通知文档并输入内容</td><td>课时</td><td>4学时</td></tr>
<tr><td colspan="2" rowspan="2">所属章节</td><td>第4章　文字处理软件的应用（Word 2007）</td><td rowspan="2">授课班级</td><td rowspan="2"></td></tr>
<tr><td>学习单元4.1　制作基础Word文档</td></tr>
<tr><td colspan="2">任务描述</td><td colspan="3">学校准备举行一次计算机技能大赛，要求使用Word 2007制作一份大赛通知文档，在开始制作该文档时，我们需要先熟悉Word 2007的操作环境，了解Word 2007编辑窗口的基本使用方法，包括文本输入、文本编辑、文档的保存与退出等，并且能够使用Word 2007提供的各种视图方便地查看文档。</td></tr>
<tr><td colspan="2">任务分析</td><td colspan="3">完成本任务主要有以下操作。
（1）创建“关于计算机技能大赛的通知”文档。
（2）输入文档内容。
（3）保存及打开文档。
（4）对文档内容进行编辑。</td></tr>
<tr><td rowspan="3">教学目标</td><td>方法能力</td><td>（1）能够有效地获取、利用和传递信息。
（2）能够在工作中寻求发现问题和解决问题的途径。
（3）能够独立学习，不断获取新的知识和技能。
（4）能够对所完成工作的质量进行自我控制及正确评价。</td><td rowspan="3">考核方式</td><td rowspan="3">过程考核与终结考核
过程考核：能够启动、退出、输入内容、编辑内容（30%），能以各种格式保存文档并明白其作用（30%）
终结考核：总结反思报告（40%）</td></tr>
<tr><td>社会能力</td><td>（1）在工作中能够良好沟通，掌握一定的交流技巧。
（2）公正坦诚、乐于助人，学会与人相处。
（3）做事认真、细致，有自制力和自控力。
（4）有较强的团队协作精神和环境意识。</td></tr>
<tr><td>专业能力</td><td>（1）能够启动与退出Word 2007系统。
（2）能够输入及编辑文档内容。
（3）能够保存及打开Word 2007文档。</td></tr>
<tr><td>教学环境</td><td colspan="4">为每位学生配备的计算机具备如下的软件环境。
软件环境：Windows XP，Word 2007。</td></tr>
</table>

教学单元设计实施方案架构

教学内容	教师行动	学生行动	组织方式	教学方法	资源与媒介	时间（分）
1. 任务提出	教师解释具体工作任务	接受工作任务	集中	引导文法	投影屏幕	20
	提问：在现实生活中，如何编写通知及其他各种文档	思考编写文档的方法及用计算机如何处理文档				
2. 知识讲授与操作演示	教师讲解如何启动及退出Word 2007系统	了解Word 2007的启动与退出方法	集中	讲授	投影屏幕	40
	讲解及演示Word 2007的操作界面	认识Word 2007的操作界面				
	讲解创建及保存文档的方法	精神集中，仔细观察教师的演示操作				
	讲解输入文档与编辑文档的方法	精神集中，仔细观察教师的演示操作				
	讲解Word 2007的视图查看方式	了解Word 2007中可用的视图查看方式				
3. 学生讨论	巡视检查、记录 回答学生提问	掌握创建与保存文件的方法	分组讨论	头脑风暴	计算机	40
		掌握输入文字与编辑文档内容的方法	分组讨论	头脑风暴	计算机	
		了解Word 2007提供的视图中显示效果的不同之处	分组讨论	头脑风暴	计算机	
4. 完成工作任务	巡视检查、记录	启动Word 2007，观察Word 2007的用户界面，输入通知文档内容，保存通知文档并退出，打开通知文档进行编辑，体验Word 2007提供的各种视图	独立	自主学习	计算机	20
5. 总结评价与提高	根据先期观察记录，挑选出具有代表性的几个小组的最终成品，随机抽取学生对其进行初步点评	倾听点评	分组、集中	讲授	计算机和投影屏幕	40
	对任务完成情况进行总结，并进行能力的拓展	倾听总结，对自己的整个工作任务的完成过程进行反思并书写总结报告	集中	讲授、归纳总结法	计算机和投影屏幕	

教学单元设计实施方案细则

1．任务提出（20 分钟）

教师提出具体的工作任务——学校准备举行一次计算机技能大赛，要求使用 Word 2007 制作一份大赛通知文档， 在开始制作该文档时，我们需要先熟悉 Word 2007 的操作环境，了解 Word 2007 编辑窗口的基本使用方法，包括文本输入、文本编辑、文档的保存与退出等，并且能够使用 Word 2007 提供的各种视图方便地查看文档。

使学生明确本任务为使用计算机完成文档的创建与保存，并进行文字的输入与编辑。

提问：在现实生活中，可以使用什么样的方法制作一份通知文档，各有什么特点？

2．知识讲授与操作演示（40 分钟）

（1）教师讲授 Word 2007 的相关知识。

背景资料：Word 2007 介绍

Word 2007 是 Microsoft 公司推出的办公软件 Office 2007 的组件之一。Word 2007 是在 Word 2003 版本的基础上进行了大规模的改进而来的，故 Word 2007 版本不但继承了历代版本的特长，而且根据用户的使用习惯和需求进行了更加人性化的改进。它既适合一般办公人员使用，又适合专业排版人员使用。

背景资料：Office 2007 较之前版本的变化

Office 2007 较之前的版本有了很大的变化。

默认的 Word 文档格式由之前的 Doc 变成了 Docx；传统的文件、编辑、视图、工具等菜单栏不见了，取而代之的是开始、插入、页面布局等漂亮的功能区选项卡及按钮；字体与段落格式的设置变得极为方便；可以自定义快速访问工具栏；可以直接选择格式相似的文本；更为方便的帮助系统；更为实用的状态栏；提供了丰富的、可修改的主题风格。

（2）教师演示 Word 2007 的启动方法，在启动以后讲解 Word 2007 界面中标题栏、快速访问工具栏、Office 按钮、功能区、工作区、标尺、滚动条、状态栏等各部分的功能或作用。

（3）教师演示将文档以“计算机技能大赛通知”为文件名进行保存，再输入文字内容的方法，并介绍文档文字内容的编辑方法，如切换输入法、文档各部分的选中方法等。

（4）教师演示退出文档及打开已经保存的文档的方法，并介绍 Word 2007 提供的 5 种视图方式的特点及作用。

3．学生讨论（40 分钟）

（1）学生随机每 3 人组成一个研究讨论小组，每组自行选出组长。由组长主持讨论创建与保存文档的方法、输入与编辑文件的方法。

（2）学生以小组为单位展示自己小组的研究成果。

（3）教师在此过程中不讲授任何内容，完全由学生带着问题自己来完成讨论过程，教师只充当咨询师的角色，并认真检查记录学生讨论的情况，以便考核学生。

<table>
<tr><td>4．完成工作任务（20 分钟）</td></tr>
<tr><td>（1）启动 Word 2007 程序，观察 Word 2007 的界面。
（2）输入文档的文字内容。
（3）用讨论的保存文档的方法将文档保存后退出 Word 2007 程序。
（4）再次打开文档后对文档进行编辑，并体验选择文档各部分的操作方式。
（5）体验 Word 2007 提供的各种视图的特点及差异。</td></tr>
<tr><td>5．总结评价与提高（40 分钟）</td></tr>
<tr><td>总结评价
（1）教师依据学生讨论及完成工作过程中的行动记录，挑选出具有代表性的几个小组的工作成果，随机抽取几个学生对其进行点评，说出其优点与不足之处。
（2）教师总结与学生总结相结合，对创建文档的方式及保存文档的方式进行总结，如通过打开新的 Word 2007 程序建立新文档、通过 Office 按钮创建新文档，将文档保存为其他格式等。
（3）学生对自己完成的工作进行总结与反思，主要写出自己在小组讨论与完成工作任务的过程中的收获，并提交书面总结报告。
提高
（1）设置文档的属性。
（2）对文档进行加密操作。
（3）在文档中进行查找与替换内容的操作。
（4）统计文档中的字数。
（5）设置文档的自动保存。</td></tr>
</table>

任务 2——设置字体、段落的格式

教学单元设计实施方案

<table>
<tr><td colspan="2">教学单元名称</td><td>设置字体、段落的格式</td><td>课时</td><td>4 学时</td></tr>
<tr><td colspan="2" rowspan="2">所属章节</td><td>第 4 章　文字处理软件的应用（Word 2007）</td><td rowspan="2">授课班级</td><td rowspan="2"></td></tr>
<tr><td>学习单元 4.1　制作基础 Word 文档</td></tr>
<tr><td colspan="2">任务描述</td><td colspan="3">通过学习，我们已经熟悉了 Word 2007 的界面及视图，可以创建 Word 2007 文档，并进行保存、输入及简单的编辑，但所做的文档并不美观。在本任务中，通过学习，我们将能够掌握 Word 2007 中文本与段落格式设置的基本操作方法，从而对文档进行美化，使文档更具可读性。</td></tr>
<tr><td colspan="2">任务分析</td><td colspan="3">完成本任务主要有以下操作。
（1）对文档中的字体格式进行设置。
（2）对文档中的段落格式进行设置。</td></tr>
<tr><td rowspan="3">教学目标</td><td>方法能力</td><td>（1）能够有效地获取、利用和传递信息。
（2）能够在工作中寻求发现问题和解决问题的途径。
（3）能够独立学习，不断获取新的知识和技能。
（4）能够对所完成工作的质量进行自我控制及正确评价。</td><td rowspan="3">考核方式</td><td rowspan="3">过程考核与终结考核
过程考核：能够进行字体格式的设置（30%）、能够对段落的格式进行设置（30%）
终结考核：总结反思报告（40%）</td></tr>
<tr><td>社会能力</td><td>（1）在工作中能够良好沟通，掌握一定的交流技巧。
（2）公正坦诚、乐于助人，学会与人相处。
（3）做事认真、细致，有自制力和自控力。
（4）有较强的团队协作精神和环境意识。</td></tr>
<tr><td>专业能力</td><td>（1）能够对 Word 2007 文档中的字体格式进行设置。
（2）能够对 Word 2007 文档中的段落格式进行设置。</td></tr>
<tr><td>教学环境</td><td colspan="4">为每位学生配备的计算机具备如下的软件环境。
软件环境：Windows XP，Word 2007。</td></tr>
</table>

教学单元设计实施方案架构

教学内容	教师行动	学生行动	组织方式	教学方法	资源与媒介	时间（分）
1. 任务提出	教师解释具体工作任务	接受工作任务	集中	引导文法	投影屏幕	20
	提问：对一份已经输入文字的文档，如何才能使版面更加美观，更具有可读性？可以从哪些方面进行设置	思考为何要设置文档格式，以及可设置哪些格式				
2. 知识讲授与操作演示	教师讲解如何设置字体格式，包括设置字体、字号、字形及效果、字符缩放及间距等	掌握字体格式的设置方法	集中	讲授	投影屏幕	40
	讲解如何对段落格式进行设置，包括设置段落对齐方式，设置段落缩进方式，设置行间距与段间距，设置项目符号等	掌握段落格式的设置方法				
	讲解其他文档美化的方式，如设置边框和底纹、首字下沉等	掌握项目符号、边框和底纹、首字下沉等的设置方法				
3. 学生讨论	巡视检查、记录 回答学生提问	讨论设置字体的哪些方面可以使得文档更加美观	分组讨论	头脑风暴	计算机	40
		讨论设置段落的哪些方面可以提高文档的可读性及美观程度	分组讨论	头脑风暴	计算机	
		讨论字体功能组中的边框与底纹的设置与段落中边框与底纹的设置的不同点	分组讨论	头脑风暴	计算机	
4. 完成工作任务	巡视检查、记录	启动 Word 2007，打开上个任务中创建的通知文档，根据课本中步骤分别设置字体格式、段落格式、边框和底纹、首字下沉等。设置完毕后保存文档	独立	自主学习	计算机	20
5. 总结评价与提高	根据先期观察记录，挑选出具有代表性的几个小组的最终成品，随机抽取学生对其进行初步点评	倾听点评	分组、集中	讲授	计算机和投影屏幕	40
	对任务完成情况进行总结，并进行能力的拓展	倾听总结，对自己的整个工作任务的完成过程进行反思并书写总结报告	集中	讲授、归纳总结法	计算机和投影屏幕	

教学单元设计实施方案细则

<table>
<tr><td>1．任务提出（20 分钟）</td></tr>
<tr><td>教师提出具体的工作任务——在已经熟悉了 Word 2007 的界面及视图，可以创建 Word 2007 文档，并进行保存、输入及简单的编辑以后，在本任务中，我们将能够掌握 Word 2007 中文本与段落格式设置的基本操作方法，从而对文档进行美化，使文档更具可读性。
使学生明确本任务为如何对已经输入内容的文档进行字体格式、段落格式、边框和底纹、首字下沉等的设置。
提问：对一份已经输入文字的文档，如何才能使版面更加美观，更具有可读性？可以从哪些方面进行设置？</td></tr>
<tr><td>2．知识讲授与操作演示（40 分钟）</td></tr>
<tr><td>（1）教师讲授 Word 2007 中字体格式的设置。
背景资料：字体
字体，一种应用于所有数字、符号和字母字符的图形设计。一般认为，汉字的起源和发展历经了甲骨文、金文、篆文、隶书、草书、楷书和行书 7 个阶段，到宋代印刷术的出现，由楷书发展出了主要用于印刷的宋体和楷体。20 世纪初，宋体、仿宋、楷体和黑体确立了作为主要印刷字体的主流地位。近年来，随着满足计算机要求的中文汉字字库的应用，出现了一批包含新型字体的计算机字库，极大地丰富了人类对中文字体的个性化需求。
教师演示 Word 2007 中字体格式的设置方法，包括字体、字号、字形及字体效果、字符缩放及间距等的设置。
（2）教师讲授 Word 2007 中段落格式的设置。
背景资料：段落
在 Word 中，两个段落标识符之间的内容为一个段落。
段落是构成文章的基本单位，具有换行另起的明显标志。通过设段使文章有行有止，让读者在视觉上形成更加醒目明晰的印象，便于读者阅读、理解和回味，也有利于作者条理清楚地表达内容。
教师演示对段落格式进行设置，包括设置段落对齐方式，设置段落缩进方式，设置行间距与段间距、项目符号等。
（3）讲解其他文档美化的方式，如设置边框和底纹、首字下沉等。</td></tr>
<tr><td>3．学生讨论（40 分钟）</td></tr>
<tr><td>（1）学生随机每 3 人组成一个研究讨论小组，每组自行选出组长。由组长主持讨论字体格式及段落格式的各种设置方法，各种间距、边框及底纹的设置方法等。
（2）学生以小组为单位展示自己小组的研究成果。
（3）教师在此过程中不讲授任何内容，完全由学生带着问题自己来完成讨论过程，教师只充当咨询师的角色，并认真检查记录学生讨论的情况，以便考核学生。</td></tr>
</table>

4．完成工作任务（20 分钟）
（1）启动 Word 2007 程序，打开上一任务中保存的通知文档。 （2）设置字体格式，包括字体、字号、字形及字体效果、字符缩放及间距等的设置。 （3）设置段落格式，包括段落对齐方式，段落缩进方式，行间距与段间距、项目符号等的设置。 （4）设置边框和底纹、首字下沉等。
5．总结评价与提高（40 分钟）
总结评价 （1）教师依据学生讨论及完成工作过程中的行动记录，挑选出具有代表性的几个小组的工作成果，随机抽取几个学生对其进行点评，说出其优点与不足之处。 （2）教师总结与学生总结相结合，对字体格式设置与段落格式设置进行总结，并对各种间距位置、不同的边框与底纹的设置方法、项目符号、首字下沉等进行总结。 （3）学生对自己完成的工作进行总结与反思，主要写出自己在小组讨论与完成工作任务的过程中的收获，并提交书面总结报告。 提高 （1）样式的设置。 （2）格式刷的设置。 （3）超链接的设置。

任务 3——设置页面格式及打印效果

教学单元设计实施方案

<table>
<tr><td colspan="2">教学单元名称</td><td>设置页面格式及打印效果</td><td>课时</td><td>2 学时</td></tr>
<tr><td colspan="2" rowspan="2">所属章节</td><td>第 4 章　文字处理软件的应用（Word 2007）</td><td rowspan="2">授课班级</td><td rowspan="2"></td></tr>
<tr><td>学习单元 4.1　制作基础 Word 文档</td></tr>
<tr><td colspan="2">任务描述</td><td colspan="3">通过前两个任务的学习，我们熟悉了 Word 2007 的操作环境，创建了通知文档，并输入了内容，对字体及段落的格式也进行了设置，从而在一定程度上对文档进行了美化。在本任务中，我们将对整个版面的格式进行设置，以达到最好的打印效果。通过对本任务的学习，我们可以掌握 Word 2007 中页面格式设置的基本操作方法，并进行分栏操作、页眉和页脚设置及文档的打印。</td></tr>
<tr><td colspan="2">任务分析</td><td colspan="3">完成本任务主要有以下操作。
（1）进行基本的页面设置。
（2）进行分栏操作。
（3）进行页眉和页脚的设置。
（4）进行打印操作。</td></tr>
<tr><td rowspan="3">教学目标</td><td>方法能力</td><td>（1）能够有效地获取、利用和传递信息。
（2）能够在工作中寻求发现问题和解决问题的途径。
（3）能够独立学习，不断获取新的知识和技能。
（4）能够对所完成工作的质量进行自我控制及正确评价。</td><td rowspan="3">考核方式</td><td rowspan="3">过程考核与终结考核
过程考核：能够进行基本的页面设置操作（20%）、能够进行分栏操作（20%）、能够进行页眉和页脚的设置、（20%）能够进行文档的打印操作（20%）
终结考核：总结反思报告（20%）</td></tr>
<tr><td>社会能力</td><td>（1）在工作中能够良好沟通，掌握一定的交流技巧。
（2）公正坦诚、乐于助人，学会与人相处。
（3）做事认真、细致，有自制力和自控力。
（4）有较强的团队协作精神和环境意识。</td></tr>
<tr><td>专业能力</td><td>（1）能够对页面效果进行设置，包括基本页面设置、页眉页脚的设置、分栏的设置等。
（2）能够使用打印功能将用 Word 2007 编辑的文档输出。</td></tr>
<tr><td>教学环境</td><td colspan="4">为每位学生配备的计算机具备如下的软硬件环境。
软件环境：Windows XP，Word 2007。
硬件环境：打印机（纸张）。</td></tr>
</table>

教学单元设计实施方案架构

<table>
<tr><th>教学内容</th><th>教师行动</th><th>学生行动</th><th>组织方式</th><th>教学方法</th><th>资源与媒介</th><th>时间（分）</th></tr>
<tr><td rowspan="2">1. 任务提出</td><td>教师解释具体工作任务</td><td>接受工作任务</td><td rowspan="2">集中</td><td rowspan="2">引导文法</td><td rowspan="2">投影屏幕</td><td rowspan="2">10</td></tr>
<tr><td>提问：创建文档、输入内容并进行字体与段落的设置以后，还需要做怎样的设置才可以满足制作现实生活中各种文档的需要</td><td>思考为满足制作实际文档的需要，还需要进行哪些方面的设置</td></tr>
<tr><td rowspan="4">2. 知识讲授与操作演示</td><td>教师讲解如何进行基本的页面设置，包括纸张大小和方向的设置，以及页边距的设置</td><td>掌握基本的页面设置方法</td><td rowspan="4">集中</td><td rowspan="4">讲授</td><td rowspan="4">投影屏幕</td><td rowspan="4">20</td></tr>
<tr><td>教师讲解如何进行分栏的设置</td><td>掌握分栏的设置方法</td></tr>
<tr><td>教师讲解如何进行页眉及页脚的设置，包括时间、页码等的设置</td><td>掌握页眉及页脚的设置方法</td></tr>
<tr><td>教师讲解如何进行打印的设置</td><td>掌握打印功能的使用</td></tr>
<tr><td rowspan="2">3. 学生讨论</td><td rowspan="2">巡视检查、记录
回答学生提问</td><td>讨论基本页面设置的方法、默认设置的作用及更改方法，以及不同类型文档的设置情况</td><td>分组讨论</td><td>头脑风暴</td><td>计算机</td><td rowspan="2">20</td></tr>
<tr><td>讨论页眉和页脚设置的作用、不同类型的页码的使用方法，以及如何设置使奇偶页页眉页脚不同等</td><td>分组讨论</td><td>头脑风暴</td><td>计算机</td></tr>
<tr><td>4. 完成工作任务</td><td>巡视检查、记录</td><td>启动在上个任务中最后保存的文档，进行纸张大小及方向的设置、页边距的设置，对其中的正文第一段内容进行分栏，设置页眉和页脚，最后将文档打印出来</td><td>独立</td><td>自主学习</td><td>计算机
打印机</td><td>30</td></tr>
<tr><td rowspan="2">5. 总结评价与提高</td><td>根据先期观察记录，挑选出具有代表性的几个小组的最终成品，随机抽取学生对其进行初步点评</td><td>倾听点评</td><td>分组、集中</td><td>讲授</td><td>计算机和投影屏幕</td><td rowspan="2">10</td></tr>
<tr><td>对任务完成情况进行总结，并进行能力的拓展</td><td>倾听总结，对自己的整个工作任务的完成过程进行反思并书写总结报告</td><td>集中</td><td>讲授、归纳总结法</td><td>计算机和投影屏幕</td></tr>
</table>

教学单元设计实施方案细则

1．任务提出（10 分钟）

教师提出具体的工作任务——通过前两个任务的学习，我们熟悉了 Word 2007 的操作环境，创建了通知文档，并输入了内容，对字体及段落的格式也进行了设置，从而在一定程度上对文档进行了美化。在本任务中，我们将对整个版面的格式进行设置，以达到最好的打印效果。通过对本任务的学习，我们可以掌握 Word 2007 中页面格式设置的基本操作方法，并进行分栏操作、页眉和页脚设置及文档的打印。

提问：创建文档、输入内容并进行字体与段落的设置以后，还需要做怎样的设置才可以满足制作现实生活中各种文档的需要？

2．知识讲授与操作演示（20 分钟）

（1）教师讲授如何进行基本的页面设置，包括纸张大小的设置、纸张方向的设置，以及页边距的设置等。

（2）教师讲授如何进行分栏的设置。

（3）教师讲解页眉和页脚的设置方法。

背景资料：页眉和页脚

页眉是文档中每个页面的顶部区域，常用于显示文档的附加信息。可以在页眉中插入时间、图形、公司微标、文档标题、文件名或作者姓名等。这些信息通常打印在文档中每页的顶部。

页脚是文档中每个页面的底部区域，也用于显示文档的附加信息，可以在页脚中插入文本或图形，如页码、日期、公司徽标、文档标题、文件名或作者名等，这些信息通常打印在文档中每页的底部。

可演示插入不同类型的页眉、不同类型的页脚，并演示不同类型页码的插入效果。

（4）教师演示如何进行打印预览，并将所编辑的文档打印出来。

3．学生讨论（20 分钟）

（1）学生随机每 3 人组成一个研究讨论小组，每组自行选出组长。由组长主持讨论基本页面设置的方法、默认设置的作用及更改方法、不同类型文档的设置情况，以及页眉和页脚的设置、页码的编排等。

（2）学生以小组为单位展示自己小组的研究成果。

（3）教师在此过程中不讲授任何内容，完全由学生带着问题自己来完成讨论过程，教师只充当咨询师的角色，并认真检查记录学生讨论的情况，以便考核学生。

4．完成工作任务（30 分钟）

（1）启动 Word 2007 程序，打开上一任务中保存的通知文档。

（2）进行基本的页面设置，包括设置纸张大小、方向和页边距等。

（3）设置页眉和页脚，包括直接输入文字、插入页码及使用模板。

（4）对文档进行打印预览，并通过打印机打印出来。

5．总结评价与提高（10 分钟）
总结评价 （1）教师依据学生讨论及完成工作过程中的行动记录，挑选出具有代表性的几个小组的工作成果，随机抽取几个学生对其进行点评，说出其优点与不足之处。 （2）教师总结与学生总结相结合，对页面设置及打印文档操作进行总结。 （3）学生对自己完成的工作进行总结与反思，主要写出自己在小组讨论与完成工作任务的过程中的收获，并提交书面总结报告。 提高 （1）设置文字方向。 （2）设置分隔符。

任务 4——制作课程表

教学单元设计实施方案

<table>
<tr><td colspan="2">教学单元名称</td><td>制作课程表</td><td colspan="2">课时</td><td>4 学时</td></tr>
<tr><td colspan="2" rowspan="2">所属章节</td><td>第 4 章　文字处理软件的应用（Word 2007）</td><td colspan="2" rowspan="2">授课班级</td><td rowspan="2"></td></tr>
<tr><td>学习单元 4.2　制作各种表格</td></tr>
<tr><td colspan="2">任务描述</td><td colspan="4">每个同学在每个学期的学习生活中都会使用到不同的课程表，在本次任务中，我们将利用 Word 2007 提供的表格功能制作一份课程表。通过对本任务的学习，可使我们掌握表格的多种创建方法，能够对表格的行、列、单元格进行添加与删除，能够对表格、单元格进行拆分与合并，能够绘制斜线表头，应用表格的各种外观样式，并掌握设置边框和底纹的方法。</td></tr>
<tr><td colspan="2">任务分析</td><td colspan="4">完成本任务主要有以下操作。
（1）创建表格。
（2）对表格及内容进行编辑。
（3）对表格的外观进行设置。</td></tr>
<tr><td rowspan="3">教学目标</td><td>方法能力</td><td>（1）能够有效地获取、利用和传递信息。
（2）能够在工作中寻求发现问题和解决问题的途径。
（3）能够独立学习，不断获取新的知识和技能。
（4）能够对所完成工作的质量进行自我控制及正确评价。</td><td rowspan="3">考核方式</td><td colspan="2" rowspan="3">过程考核与终结考核
过程考核：表格的创建（20%）、表格及其内容的编辑（40%）、表格的外观设置（20%）
终结考核：总结反思报告（20%）</td></tr>
<tr><td>社会能力</td><td>（1）在工作中能够良好沟通，掌握一定的交流技巧。
（2）公正坦诚、乐于助人，学会与人相处。
（3）做事认真、细致，有自制力和自控力。
（4）有较强的团队协作精神和环境意识。</td></tr>
<tr><td>专业能力</td><td>（1）能够通过多种方法创建表格。
（2）能够对表格及其内容进行编辑。
（3）能够对表格的外观进行设置。</td></tr>
<tr><td>教学环境</td><td colspan="5">为每位学生配备的计算机具备如下的软件环境。
软件环境：Windows XP，Word 2007。</td></tr>
</table>

教学单元设计实施方案架构

教学内容	教师行动	学生行动	组织方式	教学方法	资源与媒介	时间（分）
1. 任务提出	教师解释具体工作任务	接受工作任务	集中	引导文法	投影屏幕	20
	提问：在日常生活中，我们都会遇到什么样的表格？使用过的课程表都有什么样的	回忆日常生活中见到过的各种表格，以及使用过的课程表的外观				
2. 知识讲授与操作演示	教师讲解如何创建表格	掌握如何创建表格的方法	集中	讲授	投影屏幕	40
	教师对表格工具进行详细的讲解	了解表格工具的组成				
	教师讲解表格及其内容的编辑，包括表格中文本的移动及复制，行、列的插入与删除，单元格的合并与拆分，行高、列宽的调整等	掌握表格及其内容的编辑方法				
	教师讲解表格外观的设置，如文字的格式、方向，边框与底纹的设置等	掌握表格外观的设置方法				
3. 学生讨论	巡视检查、记录回答学生提问	讨论表格的其他创建方法	分组讨论	头脑风暴	计算机	40
		讨论行、列及单元格的各种编辑方法，如行、列的删除与插入方法，行高与列宽的调整方法等	分组讨论	头脑风暴	计算机	
4. 完成工作任务	巡视检查、记录	创建一个新文档并以“课程表”为文件名进行保存，插入表格，输入内容，调整行、列及单元格，插入标题，绘制斜线表头，设置边框和底纹	独立	自主学习	计算机打印机	40

<table>
<tr><td rowspan="2">5. 总结评价与提高</td><td>根据先期观察记录，挑选出具有代表性的几个小组的最终成品，随机抽取学生对其进行初步点评</td><td>倾听点评</td><td>分组、集中</td><td>讲授</td><td>计算机和投影屏幕</td><td rowspan="2">40</td></tr>
<tr><td>对任务完成情况进行总结，并进行能力的拓展</td><td>倾听总结，对自己的整个工作任务的完成过程进行反思并书写总结报告</td><td>集中</td><td>讲授、归纳总结法</td><td>计算机和投影屏幕</td></tr>
</table>

教学单元设计实施方案细则

1．任务提出（20 分钟）
教师提出具体的工作任务——每个同学在每个学期的学习生活中都会使用到不同的课程表，在本次任务中，我们将利用 Word 2007 提供的表格功能制作一份课程表。通过对本任务的学习，可使我们掌握表格的多种创建方法，能够对表格的行、列、单元格进行添加与删除，能够对表格、单元格进行拆分与合并，能够绘制斜线表头，应用表格的各种外观样式，并掌握设置边框和底纹的方法。 提问：日常生活中，我们都会遇到什么样的表格？使用过的课程表都有什么样的？
2．知识讲授与操作演示（40 分钟）
（1）教师演示如何创建表格，只演示一种方法即可。 （2）教师对表格工具进行详细的讲解。 （3）教师讲解表格及其内容的编辑，包括表格内容的选择、移动、复制与删除，行、列的插入与删除，单元格的拆分与合并，行高、列宽的调整，斜线表头的制作等。 （4）教师讲解表格外观的设置，如文字的格式、方向，边框与底纹的设置等。
3．学生讨论（40 分钟）
（1）学生随机每 3 人组成一个研究讨论小组，每组自行选出组长。由组长主持讨论表格创建的多种方法，每种创建方法的特点及主要用途，行、列及单元格的各种编辑方法等。 （2）学生以小组为单位展示自己小组的研究成果。 （3）教师在此过程中不讲授任何内容，完全由学生带着问题自己来完成讨论过程，教师只充当咨询师的角色，并认真检查记录学生讨论的情况，以便考核学生。
4．完成工作任务（40 分钟）
（1）启动 Word 2007 程序，创建“课程表”文件并保存。 （2）创建表格，并输入表格内容。 （3）对表格中的行、列进行插入与删除的操作，并根据需要进行拆分或合并单元格。 （4）插入标题，设置文字的格式、方向、对齐，并设置各行的高度及列宽。 （5）绘制斜线表头。 （6）设置边框和底纹。
5．总结评价与提高（40 分钟）
总结评价 （1）教师依据学生讨论及完成工作过程中的行动记录，挑选出具有代表性的几个小组的工作成果，随机抽取几个学生对其进行点评，说出其优点与不足之处。 （2）教师总结与学生总结相结合，对制作表格的操作进行总结。 （3）学生对自己完成的工作进行总结与反思，主要写出自己在小组讨论与完成工作任务的过程中的收获，并提交书面总结报告。 提高 （1）文本与表格的转换。 （2）表格的拆分与合并。 （3）自动套用格式。 （4）表格的计算与排序。 （5）表格内容跨页时表头的设置。

任务 5——制作新年贺卡

教学单元设计实施方案

<table>
<tr><td colspan="2">教学单元名称</td><td>制作新年贺卡</td><td colspan="2">课时</td><td>4 学时</td></tr>
<tr><td colspan="2" rowspan="2">所属章节</td><td>第 4 章　文字处理软件的应用（Word 2007）</td><td colspan="2" rowspan="2">授课班级</td><td rowspan="2"></td></tr>
<tr><td>学习单元 4.3　制作电子小报</td></tr>
<tr><td colspan="2">任务描述</td><td colspan="4">新年快到时，给远方的朋友寄一张由自己亲手设计制作的贺卡，是一件非常令人愉快的事情。在接下来的任务中，我们将使用 Word 2007 的图文混排功能制作一张新年贺卡。通过对本任务的学习，能够对 Word 2007 的图文混排进行熟练的操作，掌握图片、剪贴画、艺术字、文本框等对象的插入及格式设置方法。</td></tr>
<tr><td colspan="2">任务分析</td><td colspan="4">完成本任务主要有以下操作。
（1）插入图片与剪贴画。
（2）设置文字环绕方式。
（3）调整图片的位置、大小、效果及样式。
（4）插入自选图形、艺术字及文本框等对象。</td></tr>
<tr><td rowspan="3">教学目标</td><td>方法能力</td><td>（1）能够有效地获取、利用和传递信息。
（2）能够在工作中寻求发现问题和解决问题的途径。
（3）能够独立学习，不断获取新的知识和技能。
（4）能够对所完成工作的质量进行自我控制及正确评价。</td><td rowspan="3">考核方式</td><td colspan="2" rowspan="3">过程考核与终结考核
过程考核：能够在文档中插入图片、剪贴画、自选图形、艺术字和文本框等对象（30%）；能够设置合适的文字环绕方式（20%）；能够调整图片的位置、大小、效果及样式（30%）
终结考核：总结反思报告（20%）</td></tr>
<tr><td>社会能力</td><td>（1）在工作中能够良好沟通，掌握一定的交流技巧。
（2）公正坦诚、乐于助人，学会与人相处。
（3）做事认真、细致，有自制力和自控力。
（4）有较强的团队协作精神和环境意识。</td></tr>
<tr><td>专业能力</td><td>（1）能够在文档中插入图片、剪贴画、自选图形、艺术字和文本框等对象。
（2）能够设置合适的文字环绕方式。
（3）能够调整图片的位置、大小、效果及样式。</td></tr>
<tr><td>教学环境</td><td colspan="5">为每位学生配备的计算机具备如下的软件环境。
软件环境：Windows XP，Word 2007。</td></tr>
</table>

教学单元设计实施方案架构

<table>
<tr><th>教学内容</th><th>教师行动</th><th>学生行动</th><th>组织方式</th><th>教学方法</th><th>资源与媒介</th><th>时间（分）</th></tr>
<tr><td rowspan="2">1. 任务提出</td><td>教师解释具体工作任务</td><td>接受工作任务</td><td rowspan="2">集中</td><td rowspan="2">引导文法</td><td rowspan="2">投影屏幕</td><td rowspan="2">20</td></tr>
<tr><td>提问：如果要制作一张贺卡，除了使用到已经掌握的字体格式设置、段落格式设置、页面设置及表格外，还需要加入什么</td><td>思考制作贺卡时还需要用到什么样的功能</td></tr>
<tr><td rowspan="4">2. 知识讲授与操作演示</td><td>教师讲解如何插入图片与剪贴画</td><td>掌握插入图片与剪贴画的方法</td><td rowspan="4">集中</td><td rowspan="4">讲授</td><td rowspan="4">投影屏幕</td><td rowspan="4">45</td></tr>
<tr><td>教师讲解图片的编辑方法，包括设置文字环绕方式，调整图片位置、大小及效果</td><td>掌握图片的编辑方法</td></tr>
<tr><td>讲解如何使用自选图形及文本框</td><td>掌握自选图形与文本框的使用方法</td></tr>
<tr><td>讲解如何插入与编辑艺术字</td><td>掌握艺术字的使用方法</td></tr>
<tr><td rowspan="2">3. 学生讨论</td><td rowspan="2">巡视检查、记录
回答学生提问</td><td>讨论有关图片的各种文字环绕方式的效果的差异，改变图片大小，裁剪图片及图片效果的设置</td><td>分组讨论</td><td>头脑风暴</td><td>计算机</td><td rowspan="2">40</td></tr>
<tr><td>讨论自选图形与文本框在使用时的相同点与不同点</td><td>分组讨论</td><td>头脑风暴</td><td>计算机</td></tr>
<tr><td>4. 完成工作任务</td><td>巡视检查、记录</td><td>启动 Word 2007，建立新文档并保存，设置页面大小，插入图片及剪贴画，设置图片的文字环绕方式，调整图片位置、大小，调整图片效果（如设置透明色等），插入自选图形、艺术字及文本框</td><td>独立</td><td>自主学习</td><td>计算机</td><td>45</td></tr>
</table>

<table>
<tr><td rowspan="2">5. 总结评价与提高</td><td>根据先期观察记录，挑选出具有代表性的几个小组的最终成品，随机抽取学生对其进行初步点评</td><td>倾听点评</td><td>分组、集中</td><td>讲授</td><td>计算机和投影屏幕</td><td rowspan="2">30</td></tr>
<tr><td>对任务完成情况进行总结，并进行能力的拓展</td><td>倾听总结，对自己的整个工作任务的完成过程进行反思并书写总结报告</td><td>集中</td><td>讲授、归纳总结法</td><td>计算机和投影屏幕</td></tr>
</table>

教学单元设计实施方案细则

1．任务提出（20 分钟）
教师提出具体的工作任务——新年快到时，给远方的朋友寄一张由自己亲手设计制作的贺卡，是一件非常令人愉快的事情。在接下来的任务中，我们将使用 Word 2007 的图文混排功能制作一张新年贺卡。通过对本任务的学习，能够对 Word 2007 的图文混排进行熟练的操作，掌握图片、剪贴画、艺术字、文本框等对象的插入及格式设置方法。 提问：如果要制作一张贺卡，除了使用到已经掌握的字体格式设置、段落格式设置、页面设置及表格外，还需要加入什么？
2．知识讲授与操作演示（45 分钟）
（1）教师讲解插入图片与剪贴画的方法。 （2）教师讲解图片的编辑方法，包括设置文字环绕方式，调整图片位置、大小及效果。 （3）教师讲解如何使用自选图形及文本框。 （4）教师讲解如何插入与编辑艺术字。 背景资料：艺术字 艺术字是经过专业的字体设计师艺术加工后的汉字变形字体，字体特点具有美观有趣、易认易识、醒目张扬等特性，是一种有图案意味或装饰意味的字体变形。艺术字经过变体后，千姿百态，变化万千，是一种字体艺术的创新。艺术字广泛应用于宣传、广告、商标、标语、企业名称、会场布置、展览会，以及商品包装和装潢，各类广告、报刊杂志和书籍等，越来越被大众喜欢。
3．学生讨论（40 分钟）
（1）学生随机每 3 人组成一个研究讨论小组，每组自行选出组长。由组长主持讨论有关图片的各种文字环绕方式的效果的差异，改变图片大小，裁剪图片及图片效果的设置，并讨论自选图形与文本框的异同点。 （2）学生以小组为单位展示自己小组的研究成果。 （3）教师在此过程中不讲授任何内容，完全由学生带着问题自己来完成讨论过程，教师只充当咨询师的角色，并认真检查记录学生讨论的情况，以便考核学生。
4．完成工作任务（45 分钟）
（1）启动 Word 2007 程序，将创建的文档以“新年贺卡”为文件名进行保存。 （2）进行页面设置。 （3）插入图片和剪贴画。 （4）设置文字环绕方式，调整图片位置、大小及效果。 （5）插入自选图形、艺术字及文本框。
5．总结评价与提高（30 分钟）
总结评价
（1）教师依据学生讨论及完成工作过程中的行动记录，挑选出具有代表性的几个小组的工作成果，随机抽取几个学生对其进行点评，说出其优点与不足之处。 （2）教师总结与学生总结相结合，对基本的图文混排功能进行总结。

（3）学生对自己完成的工作进行总结与反思，主要写出自己在小组讨论与完成工作任务的过程中的收获，并提交书面总结报告。

提高

（1）超链接的使用。

（2）公式的使用。

（3）在文档中插入脚注、尾注和题注。

（4）创建目录。

（5）邮件合并。

（6）修订功能。

任务6——制作招生简章

教学单元设计实施方案

<table>
<tr><td colspan="2">教学单元名称</td><td>制作招生简章</td><td>课时</td><td>2 学时</td></tr>
<tr><td colspan="2" rowspan="2">所属章节</td><td>第 4 章　文字处理软件的应用（Word 2007）</td><td rowspan="2">授课班级</td><td rowspan="2"></td></tr>
<tr><td>学习单元 4.3　制作电子小报</td></tr>
<tr><td colspan="2">任务描述</td><td colspan="3">在前面的任务中，我们从各个方面对 Word 2007 进行了学习，包括文档的创建与保存、字体与段落格式的设置、页面格式的设置、表格的制作、图文混排文档的制作等。在本任务中，我们将综合应用本章所学知识，制作一份图文并茂的综合排版样张——联合职业技术学校的招生简章。</td></tr>
<tr><td colspan="2">任务分析</td><td colspan="3">完成本任务主要有以下操作。
（1）页面设置。
（2）输入文字内容。
（3）制作艺术字。
（4）设置字体格式及段落格式。
（5）插入图片、剪贴画、自选图形、文本框。
（6）插入表格。
（7）插入图表。
（8）插入 SmartArt 图。
（9）设置分栏。
（10）插入超链接。
（11）设置页眉和页脚。
（12）打印文档。</td></tr>
<tr><td rowspan="3">教学目标</td><td>方法能力</td><td>（1）能够有效地获取、利用和传递信息。
（2）能够在工作中寻求发现问题和解决问题的途径。
（3）能够独立学习，不断获取新的知识和技能。
（4）能够对所完成工作的质量进行自我控制及正确评价。</td><td rowspan="3">考核方式</td><td rowspan="3">过程考核与终结考核
过程考核：能熟练操作 Word 2007 并完成综合应用任务（70%）
终结考核：总结反思报告（30%）</td></tr>
<tr><td>社会能力</td><td>（1）在工作中能够良好沟通，掌握一定的交流技巧。
（2）公正坦诚、乐于助人，学会与人相处。
（3）做事认真、细致，有自制力和自控力。
（4）有较强的团队协作精神和环境意识。</td></tr>
<tr><td>专业能力</td><td>能够综合应用 Word 2007 的各种功能。</td></tr>
<tr><td>教学环境</td><td colspan="4">为每位学生配备的计算机具备如下的软硬件环境。
软件环境：Windows XP，Word 2007。
硬件环境：打印机。</td></tr>
</table>

教学单元设计实施方案架构

<table>
<tr><th>教学内容</th><th>教师行动</th><th>学生行动</th><th>组织方式</th><th>教学方法</th><th>资源与媒介</th><th>时间（分）</th></tr>
<tr><td rowspan="2">1. 任务提出</td><td>教师解释具体工作任务</td><td>接受工作任务</td><td rowspan="2">集中</td><td rowspan="2">引导文法</td><td rowspan="2">投影屏幕</td><td rowspan="2">10</td></tr>
<tr><td>提问：在制作 Word 2007 文档时，经常要用到的功能有哪些</td><td>思考使用 Word 2007 时经常用到的功能</td></tr>
<tr><td rowspan="2">2. 知识讲授与操作演示</td><td>教师演示图表的制作方法</td><td>了解插入图表的方法</td><td rowspan="2">集中</td><td rowspan="2">讲授</td><td rowspan="2">投影屏幕</td><td rowspan="2">20</td></tr>
<tr><td>教师演示 SmartArt 图形的制作方法</td><td>掌握 SmartArt 图形的制作方法</td></tr>
<tr><td rowspan="2">3. 学生讨论</td><td rowspan="2">巡视检查、记录
回答学生提问</td><td>讨论使用 SmartArt 可以制作哪些类型的图形</td><td>分组讨论</td><td>头脑风暴</td><td>计算机</td><td rowspan="2">10</td></tr>
<tr><td>讨论如何综合应用 Word 2007 的各种功能以设计出高质量的文档</td><td>分组讨论</td><td>头脑风暴</td><td>计算机</td></tr>
<tr><td>4. 完成工作任务</td><td>巡视检查、记录</td><td>启动 Word 2007，建立新文档并保存，设置页面大小，输入文字内容，插入制作艺术字，设置字体格式及段落格式，插入图片、剪贴画、自选图形、文本框，插入表格，插入图表，插入 SmartArt 图，设置分栏，插入超链接，设置页眉和页脚，打印文档</td><td>独立</td><td>自主学习</td><td>计算机</td><td>40</td></tr>
<tr><td rowspan="2">5. 总结评价</td><td>根据先期观察记录，挑选出具有代表性的几个小组的最终成品，随机抽取学生对其进行初步点评</td><td>倾听点评</td><td>分组、集中</td><td>讲授</td><td>计算机和投影屏幕</td><td rowspan="2">10</td></tr>
<tr><td>对任务完成情况进行总结，并进行能力的拓展</td><td>倾听总结，对自己的整个工作任务的完成过程进行反思并书写总结报告</td><td>集中</td><td>讲授、归纳总结法</td><td>计算机和投影屏幕</td></tr>
</table>

教学单元设计实施方案细则

1．任务提出（10分钟）
教师提出具体的工作任务——在前面的任务中，我们从各个方面对 Word 2007 进行了学习，包括文档的创建与保存、字体与段落格式的设置、页面格式的设置、表格的制作、图文混排文档的制作等。在本任务中，我们将综合应用本章所学知识，制作一份图文并茂的综合排版样张——联合职业技术学校的招生简章。 提问：在制作 Word 2007 文档时，经常要用到的功能有哪些？
2．知识讲授与操作演示（20分钟）
（1）教师讲解图表的制作方法。 （2）教师讲解 SmartArt 图形的制作方法。 （3）教师对文档的整体情况进行简单介绍。
3．学生讨论（10分钟）
（1）学生随机每 3 人组成一个研究讨论小组，每组自行选出组长。由组长主持讨论使用 SmartArt 可以制作哪些类型的图形，讨论如何利用好 Word 2007 的功能制作出色的文档。 （2）学生以小组为单位展示自己小组的研究成果。 （3）教师在此过程中不讲授任何内容，完全由学生带着问题自己来完成讨论过程，教师只充当咨询师的角色，并认真检查记录学生讨论的情况，以便考核学生。
4．完成工作任务（40分钟）
（1）启动 Word 2007，对创建的文档进行保存，并进行页面设置。 （2）制作标题内容。 （3）输入文字内容。 （4）编辑“学校概况”部分。 （5）编辑“招生计划”部分。 （6）插入“招生专业人数比例”图表。 （7）插入“专业分布图”。 （8）编辑“助学办法”与“继续深造”部分。 （9）编辑“联系方式”部分。 （10）设置页眉/页脚，并进行打印操作。
5．总结评价（10分钟）
（1）教师依据学生讨论及完成工作过程中的行动记录，挑选出具有代表性的几个小组的工作成果，随机抽取几个学生对其进行点评，说出其优点与不足之处。 （2）教师总结与学生总结相结合，对 Word 2007 的综合应用进行总结。 （3）学生对自己完成的工作进行总结与反思，主要写出自己在小组讨论与完成工作任务的过程中的收获，并提交书面总结报告。

第 5 章　电子表格处理软件应用（Excel 2007）

任务 1——创建员工信息表　　任务 2——编辑员工信息表
任务 3——格式化员工信息表　　任务 4——计算“员工工资表（计算）”工作表
任务 5——管理电子表格的数据　　任务 6——数据图表的使用
任务 7——数据透视表的使用　　任务 8——打印设置
任务 9——打印及预览

任务 1——创建员工信息表

教学单元设计实施方案

<table>
<tr><td colspan="2">教学单元名称</td><td>创建员工信息表</td><td>课时</td><td>4 学时</td></tr>
<tr><td colspan="2" rowspan="2">所属章节</td><td>第 5 章　电子表格处理软件应用（Excel 2007）</td><td rowspan="2">授课班级</td><td rowspan="2"></td></tr>
<tr><td>学习单元 5.1　电子表格的基本操作</td></tr>
<tr><td colspan="2">任务描述</td><td colspan="3">实习的第二天，小王就接到了第一个任务，制作一个“员工资料”工作簿。首先要掌握启动 Excel 2007 的方法，对 Excel 2007 界面有全面的认识，然后在工作表“员工信息表”中输入数据，接着在工作表“新员工信息表”中导入外部数据。</td></tr>
<tr><td colspan="2">任务分析</td><td colspan="3">数据的创建是本学习单元的开始，我们应尽量让输入的数据准确且符合要求，以便为后续任务打好基础。本任务分为以下几个步骤进行。
● 启动 Excel 2007；　● 输入员工信息数据；
● 认识 Excel 2007 界面；　● 导入新员工信息数据；
● 创建工作簿；　● 认识 Excel 2007 视图方式；
● 保存工作簿；　● 退出工作簿。</td></tr>
<tr><td rowspan="3">教学目标</td><td>方法能力</td><td>（1）能够有效地获取、利用和传递信息。
（2）能够在工作中寻求发现问题和解决问题的途径。
（3）能够独立学习，不断获取新的知识和技能。
（4）能够对所完成工作的质量进行自我控制及正确评价。</td><td rowspan="3">考核方式</td><td rowspan="3">过程考核与终结考核
过程考核：小组设计成果（30%）、个人完成“员工资料”工作簿的情况（30%）
终结考核：总结反思报告（40%）</td></tr>
<tr><td>社会能力</td><td>（1）在工作中能够良好沟通，掌握一定的交流技巧。
（2）公正坦诚、乐于助人，学会与人相处。
（3）做事认真、细致，有自制力和自控力。
（4）有较强的团队协作精神和环境意识。</td></tr>
<tr><td>专业能力</td><td>（1）熟悉 Excel 2007 的操作环境。
（2）掌握 Excel 2007 编辑窗口的基本使用方法。
（3）会使用 Excel 2007 提供的各种视图方便地查看工作簿。</td></tr>
<tr><td>教学环境</td><td colspan="4">为每位学生配备的计算机具备如下的软硬件环境。
软件环境：Windows XP，Excel 2007。
硬件环境：海报纸、投影屏幕、展示板。</td></tr>
</table>

教学单元设计实施方案架构

教学内容	教师行动	学生行动	组织方式	教学方法	资源与媒介	时间（分）
1. 任务提出	教师解释具体工作任务	接受工作任务	集中	引导文法	投影屏幕	20
	提问：如果学校要统计同学们的信息，应该有哪些内容？在此基础上，“员工资料”又有何不同呢	思考：如何确定“员工资料”工作簿的内容				
2. 知识讲授与操作演示	教师启动 Excel 2007，使学生认识 Excel 2007 的界面	掌握 Excel 2007 的启动方法，认识 Excel 2007 的用户界面	集中	讲授	投影屏幕	40
	演示工作簿的创建与保存	思考创建与保存工作簿的其他方式				
	演示输入员工信息数据和导入新员工数据	精神集中，仔细观察教师的演示操作				
	介绍 Excel 2007 的视图方式	精神集中，仔细观察教师的演示操作				
3. 学生讨论	巡视检查、记录 回答学生提问	讨论其他创建与保存工作簿的方式，以及不同形式的版面设计	分组（4人一组，随机组合）	头脑风暴	计算机	40
		掌握创建与保存工作簿的方法，能够输入员 工信息数据和导入新员工数据	分组（4人一组，随机组合）	头脑风暴	计算机	
		展示研究成果	分组（4人一组，随机组合）	可视化	海报纸展示板	
4. 完成工作任务	巡视检查、记录	启动计算机，通过两种方法在“员工资料”工作簿的“Sheet3”工作表中，创建一个数据表格，并保存该文档	独立	自主学习	计算机	20
5. 总结评价与提高	根据先期观察记录，挑选出具有代表性的几个小组的最终成品，随机抽取学生对其进行初步点评	倾听点评	分组、集中	自主学习	计算机和投影屏幕	40
	对任务完成情况进行总结（如导入外部数据等），拓展能力	倾听总结，对自己的整个工作任务的完成过程进行反思并书写总结报告	集中	讲授、归纳总结法	计算机和投影屏幕	

教学单元设计实施方案细则

1．任务提出（20 分钟）
教师提出具体的工作任务——实习的第二天，小王就接到了第一个任务，制作一个“员工资料”工作簿，需要在工作表“员工信息表”中输入数据并编辑和格式化，然后在工作表“新员工信息表”中导入外部数据等。使学生明确要完成创建工作簿并输入数据及导入外部数据这样一个任务。 提问：如果学校要统计同学们的信息，应该有哪些内容？在此基础上，“员工资料”又有何不同呢？
2．知识讲授与操作演示（40 分钟）
（1）教师启动 Excel 2007，使学生认识 Excel 2007 的界面。 背景资料：Excel 2007 概述 Excel 2007 是微软件推出的最新版本，该版本无论是从易用性上还是功能性上都有了很多的改变，让用户操作起来更加方便。Microsoft 对包括 Excel 2007 在内的 Office 2007 用户界面进行了全新的设计，与之前的版本相比，功能区替代了原来的很多工具与菜单命令，“文件”菜单也被“Office 按钮” 取代，不仅更加美观，还可以更简便快捷地找到相应的功能。 背景资料：Excel 2007 启动过程 当用户计算机中安装有 Microsoft Office 2007 时，可选用以下常用的方法之一来启动 Excel 2007。 ● 单击“开始”→“所有程序”→“Microsoft Office”→“Microsoft Office Excel 2007”菜单命令。 ● 如果桌面上创建了 Excel 2007 快捷图标，双击该快捷图标即可。 （2）教师演示工作簿的创建与保存，只演示最基本的创建及保存工作簿的方法。 提问：请随机组成小组（4 人一组），大家一起来讨论有没有其他的创建与保存工作簿的方式。 （3）教师演示输入员工信息数据和导入新员工数据的方法。 教师事先提供其他数据，在演示完成后，让学生自行设置工作表内容，导入外部数据，增强学生动手设置的兴趣。 （4）教师通过演示介绍 Excel 2007 的视图方式。 演示的同时告知学生仔细观看，需要自己动手尝试。
3．学生讨论（40 分钟）
（1）学生随机每 4 人组成一个研究讨论小组，每组自行选出组长。由组长主持讨论其他创建与保存工作簿的方式，以及不同形式的版面设计。 （2）学生以小组为单位，用海报纸和多媒体投影设备展示本组研究结果。 （3）教师在此过程中不讲授任何内容，完全由学生带着问题自己来完成讨论过程，教师只充当咨询师的角色，并认真检查记录学生讨论的情况，以便考核学生。
4．完成工作任务（20 分钟）
学生利用小组讨论掌握的方法，首先启动计算机操作系统，打开 Excel 2007 后通

<table>
<tr><td>过两种方法在“员工资料”工作簿的“Sheet3”工作表中创建一个数据表格，并保存该文档。
注：仔细观察学生创建和保存工作簿的操作方式，是否有拓展方式（如自动保存等）。</td></tr>
<tr><td>5．总结评价与提高（40 分钟）</td></tr>
<tr><td>总结评价
（1）根据先期观察记录，挑选出具有代表性的几个小组的最终成品，随机抽取学生对其进行初步点评。
（2）对任务完成情况进行总结（如导入外部数据等），拓展能力。
教师总结：
① 在文本输入过程中，要经常进行保存操作，防止突发事件发生造成文档丢失。
② 在一张工作表中，矩形光标（黑色粗边框）所在的单元格称为活动单元格，在一张工作表中任意时刻至多只能有一个活动单元格，只有活动单元格才能接受输入操作。
③ 在输入电子邮件地址时出现蓝色带下画线的文字，这是系统默认的状态，属超链接文本。
④ 为防止意外情况造成没有存盘的文件丢失，可以利用“自动保存”功能进行保存。
（3）学生对自己完成的工作进行总结与反思，主要写出自己在小组讨论与完成工作任务的过程中的收获，并提交书面总结报告。
提高
给文档加密（回答正确，并能操作讲解明白，酌情给予 3～5 分的加分）。</td></tr>
</table>

任务 2——编辑员工信息表

教学单元设计实施方案

<table>
<tr><td colspan="2">教学单元名称</td><td>编辑员工信息表</td><td>课时</td><td>4 学时</td></tr>
<tr><td colspan="2" rowspan="2">所属章节</td><td>第 5 章　电子表格处理软件应用（Excel 2007）</td><td rowspan="2">授课班级</td><td rowspan="2"></td></tr>
<tr><td>学习单元 5.1　电子表格的基本操作</td></tr>
<tr><td colspan="2">任务描述</td><td colspan="3">小王已经完成了“员工资料”工作簿的制作，但是在使用一段时间后，她发现刚输入的数据往往有一定的问题，不是输错就是漏掉一些数据，给工作带来了一些影响。这时就需要使用 Excel 2007 数据编辑的常见操作方法，对工作簿进行一些修改了。</td></tr>
<tr><td colspan="2">任务分析</td><td colspan="3">熟练操作 Excel 2007 的工作表及单元格，掌握 Excel 2007 数据编辑的常见操作方法，包括工作表及单元格的相关操作、行列的相关操作、数据的修改等。本任务分为以下几个步骤进行。
● 工作表的命名、复制；
● 插入行列并输入数据；
● 数据的复制、移动、删除；
● 单元格数据的修改；
● 列宽行高的调整；
● 数据的查找与替换。</td></tr>
<tr><td rowspan="3">教学目标</td><td>方法能力</td><td>（1）能够有效地获取、利用和传递信息。
（2）能够在工作中寻求发现问题和解决问题的途径。
（3）能够独立学习，不断获取新的知识和技能。
（4）能够对所完成工作的质量进行自我控制及正确评价。</td><td rowspan="3">考核方式</td><td rowspan="3">过程考核与终结考核
过程考核：小组设计成果（30%）、个人编辑“员工信息表”成果（30%）
终结考核：总结反思报告（40%）</td></tr>
<tr><td>社会能力</td><td>（1）在工作中能够良好沟通，掌握一定的交流技巧。
（2）公正坦诚、乐于助人，学会与人相处。
（3）做事认真、细致，有自制力和自控力。
（4）有较强的团队协作精神和环境意识。</td></tr>
<tr><td>专业能力</td><td>（1）要熟练操作 Excel 2007 的工作表及单元格。
（2）掌握 Excel 2007 数据编辑的常见操作方法，包括工作表及单元格的相关操作、行列的相关操作、数据的修改等。</td></tr>
<tr><td>教学环境</td><td colspan="4">为每位学生配备的计算机具备如下的软硬件环境。
软件环境：Windows XP，Excel 2007，公司相关数据表。
硬件环境：海报纸、投影屏幕、展示板。</td></tr>
</table>

教学单元设计实施方案架构

教学内容	教师行动	学生行动	组织方式	教学方法	资源与媒介	时间（分）
1. 任务提出	教师解释具体工作任务	接受工作任务	集中	引导文法	投影屏幕	20
	提问：在现实生活中，我们写错字、画错图后采用什么方法修改呢	思考在日常学习、工作中如何更正错误，比如写错字、画错图等				
2. 知识讲授与操作演示	教师讲解 Excel 能修改的文档类型，使学生对 Excel 的编辑功能有初步的了解	思考如何使用各种编辑功能	集中	讲授	投影屏幕	30
	演示员工信息表的编辑方法	掌握工作表的命名、复制，插入行列，数据的删除、移动、复制，单元格数据的修改，行高、列宽的调整，数据的查找和替换的操作方法				
3. 学生讨论	巡视检查、记录回答学生提问	讨论快捷键的使用方法。比如【Ctrl+F】组合键、【Ctrl+C】组合键、【Ctrl+X】组合键、【Ctrl+V】组合键等	分组（4人一组，随机组合）	头脑风暴	计算机	30
		掌握工作表的相关操作，如工作表的隐藏、改变工作表标签的颜色、工作表的保护①	分组（4人一组，随机组合）	头脑风暴	计算机	
		掌握修改数据的方法①	分组（4人一组，随机组合）	头脑风暴	计算机	
		展示研究成果	分组（4人一组，随机组合）	可视化	计算机、投影屏幕、海报纸、展示板	

<table>
<tr><td>4. 完成工作任务</td><td>巡视检查、记录</td><td>打开“员工资料.xlsx”工作簿，按操作要求对“员工工资表（实训）”进行编辑，并保存工作簿</td><td>独立</td><td>自主学习</td><td>计算机</td><td>40</td></tr>
<tr><td rowspan="2">5. 总结评价与提高</td><td>根据先期讨论结果，挑选出具有代表性的几个小组，对其进行初步点评</td><td>倾听点评</td><td>分组、集中</td><td>自主学习</td><td>计算机和投影屏幕</td><td rowspan="2">40</td></tr>
<tr><td>对完成工作任务过程进行总结（如密码保护，取消隐藏等）</td><td>倾听总结，对自己的整个工作任务的完成过程进行反思并书写总结报告</td><td>集中</td><td>讲授、归纳总结法</td><td>计算机和投影屏幕</td></tr>
</table>

教学单元设计实施方案细则

1．任务提出（20 分钟）
教师提出具体的工作任务——王小红已经完成了“员工资料”工作簿的制作，但是在使用一段时间后，她发现刚输入的数据往往有一定的问题，不是输错就是漏掉了一些数据，给工作带来了一些影响，这就需要使用 Excel 2007 数据编辑的常见操作方法，对工作簿进行一些修改。包括工作表及单元格的相关操作、行列的相关操作、数据的修改等。 提问：在现实生活中，我们写错字，画错图后采用什么方法修改的呢？
2．知识讲授与操作演示（30 分钟）
（1）教师讲解 Excel 能修改的文档错误，使学生对 Excel 的编辑功能有初步的了解。 背景资料：Excel 的编辑技巧 ① 分数的输入：如果直接输入“1/5”，系统会将其变为“1 月 5 日”，解决办法是先输入“0”，然后输入空格，再输入“1/5”。 ② 序列“001”的输入：如果直接输入“001”，系统会自动判断 001 为数据 1，解决办法是首先输入“'”（西文单引号），然后输入“001”。 ③ 日期的输入：如果要输入“4 月 5 日”，直接输入“4/5”，再按回车键即可。如果要输入当前日期，按【Ctrl+;】组合键。 ④ 在多张工作表中输入相同的内容：要在几个工作表中同一位置填入同一数据时，可以选中一张工作表，然后按住【Ctrl】键，再单击窗口左下角的 Sheet1、Sheet2 等来直接选择需要输入相同内容的多个工作表，接着在其中的任意一个工作表中输入这些相同的数据，此时这些数据会自动出现在选中的其他工作表中。输入完毕之后，再次按下【Ctrl】键，然后使用鼠标左键单击所选择的多个工作表，解除这些工作表的联系，否则在一张表单中输入的数据会接着出现在选中的其他工作表内。 ⑤ 在不连续单元格中填充同一数据：选中一个单元格，按住【Ctrl】键，用鼠标单击其他单元格，就将这些单元格全部都选中了。在编辑区中输入数据，然后按住【Ctrl】键，同时按回车键，在所有选中的单元格中就都出现了这一数据。 ⑥ 在单元格中显示公式：如果工作表中的数据多数是由公式生成的，想要快速知道每个单元格中的公式形式，以便编辑修改，则可以用鼠标左键单击“工具”菜单，选取“选项”命令，出现“选项”对话框，单击“视图”选项卡，接着设置“窗口选项”栏下的“公式”项为有效，单击“确定”按钮。这时每个单元格中的分工就显示出来了。如果想恢复公式计算结果的显示，就再设置“窗口选项”栏下的“公式”项为失效即可。 ⑦ 利用【Ctrl+*】组合键选取文本：如果一个工作表中有很多数据表格，则可以通过选定表格中某个单元格，然后按【Ctrl+*】组合键的方式来选定整个表格。这样选定的区域为根据选定单元格向四周辐射所涉及的有数据单元格的最大区域。用这种方法可以方便准确地选取数据表格，并能有效避免使用拖动鼠标方法选取较大单元格区域时屏幕的乱滚现象。 ⑧ 快速清除单元格的内容：如果要删除单元格中的内容和它的格式及批注，就不能简单地应用选定该单元格，然后按【Delete】键的方法了。要彻底清除单元格，可先选定想要清除的单元格或单元格范围，然后单击“编辑”菜单中“清除”项中的“全部”命令，则这些单元格就恢复了本来的面目。 （2）演示员工信息表的编辑方法，如工作表的命名、复制，插入行列，数据的删除、

移动、复制，单元格数据的修改，行高、列宽的调整，数据的查找和替换。
3．学生讨论（30 分钟）
（1）学生随机每 3 人组成一个研究讨论小组，每组自行选出组长。由组长主持讨论快捷键的使用方法，如【Ctrl+F】组合键、【Ctrl+C】组合键等。同时探究工作表的相关操作，如工作表的隐藏、改变工作表标签的颜色，以及修改数据的方法等。 （2）学生以小组为单位，用海报纸和多媒体投影设备展示本组研究结果。 （3）教师在此过程中不讲授任何内容，完全由学生带着问题自己来完成讨论过程，教师只充当咨询师的角色，并认真检查记录学生讨论的情况，便于考核学生。
4．完成工作任务（40 分钟）
打开“员工资料.xlsx”工作簿，按操作要求对“员工工资表（实训）”进行编辑，并保存工作簿。 注：仔细观察学生操作的方式，是否有拓展方式（如快捷键、右键菜单等）。
5．总结评价与提高（40 分钟）
总结评价 （1）根据先期讨论结果，挑选出具有代表性的几个小组，对其进行初步点评。 教师总结：工作表的隐藏操作。为了让一些数据不被误操作或破坏，可将工作表隐藏起来，操作方法是用鼠标右键单击工作表标签，在下拉菜单中选择“隐藏”命令，这时该工作表就被隐藏起来了。用同样的方法可以取消对该工作表的隐藏，读者可以试一试。 改变工作表标签的颜色。为了体现某个工作表与其他工作表的不同，可以将该工作表的标签设置成某种颜色。 （2）对完成工作任务过程进行总结（如密码保护，取消隐藏等）。 教师总结：工作表的保护。对一些涉及个人或商业机密的数据，有必要进行密码保护。比如，只能选择单元格而不能修改其中的数据。将“员工信息表”加密保护的方法为，将光标移到“员工信息表”中，单击“开始”选项卡中的“单元格”组中的“格式”按钮 格式 ，在下拉菜单中确认“锁定单元格”命令左边的图标处于按下状态，选择“保护工作表”命令，在“保护工作表”对话框中输入密码“123”，单击“确定”按钮完成保护。 修改数据的方法。 方法一：重新输入数据。要更正输入错误的数据，最直接的方法就是选中单元格重新输入。 方法二：在单元格内修改数据。有时输入到单元格的数据仅仅是个别字符错了，这时就可以直接在单元格内加以修改。操作方法为，双击单元格，当出现闪烁的编辑光标时，通过键盘或鼠标移动编辑光标到指定位置，再使用“退格键”或“删除键”或输入数据来完成编辑操作。 方法三：在公式编辑栏中修改数据。该方法适用于单元格数据较多或单元格中的公式需要修改的情况。 （3）学生对自己完成的工作进行总结与反思，主要写出自己在小组讨论与完成工作任务的过程中的收获，并提交书面总结报告。 提高 单元格内容的合并、条件显示、自定义函数等（回答正确，并能操作讲解明白，酌情给予 3～5 分的加分）。

任务 3——格式化员工信息表

教学单元设计实施方案

<table>
<tr><td colspan="2">教学单元名称</td><td>格式化员工信息表</td><td>课时</td><td>4 学时</td></tr>
<tr><td colspan="2" rowspan="2">所属章节</td><td>第 5 章　电子表格处理软件应用（Excel 2007）</td><td rowspan="2">授课班级</td><td rowspan="2"></td></tr>
<tr><td>学习单元 5.1　电子表格的基本操作</td></tr>
<tr><td colspan="2">任务描述</td><td colspan="3">小王在工作中发现，平时都是使用 Excel 2007 的默认格式编辑工作表，这样的表格外观简单、朴实。随着社会的发展和实际应用的不断深入，有时总感到有一些美中不足。于是需要对员工信息表进行相应的格式化操作以满足需要。</td></tr>
<tr><td colspan="2">任务分析</td><td colspan="3">通过本任务的学习，要熟练掌握单元格的格式化、工作表的格式化及条件格式化等。
本任务分为以下几个步骤进行。
（1）格式化表格的标题。
（2）格式化表格的表头。
（3）格式化表格的数据区域。
（4）数据的条件格式化。</td></tr>
<tr><td rowspan="3">教学目标</td><td>方法能力</td><td>（1）能够有效地获取、利用和传递信息。
（2）能够在工作中寻求发现问题和解决问题的途径。
（3）能够独立学习，不断获取新的知识和技能。
（4）能够对所完成工作的质量进行自我控制及正确评价。</td><td rowspan="3">考核方式</td><td rowspan="3">过程考核与终结考核
过程考核：小组设计成果（30%）、个人格式化“员工信息表”成果（30%）
终结考核：总结反思报告（40%）</td></tr>
<tr><td>社会能力</td><td>（1）在工作中能够良好沟通，掌握一定的交流技巧。
（2）公正坦诚、乐于助人，学会与人相处。
（3）做事认真、细致，有自制力和自控力。
（4）有较强的团队协作精神和环境意识。</td></tr>
<tr><td>专业能力</td><td>要熟练掌握单元格的格式化、工作表的格式化及条件格式化等。</td></tr>
<tr><td>教学环境</td><td colspan="4">为每位学生配备的计算机具备如下的软硬件环境。
软件环境：Windows XP，Excel 2007，公司的相关数据表。
硬件环境：海报纸、投影屏幕、展示板。</td></tr>
</table>

教学单元设计实施方案架构

教学内容	教师行动	学生行动	组织方式	教学方法	资源与媒介	时间（分）
1. 任务提出	教师解释具体工作任务	接受工作任务	集中	引导文法	投影屏幕	20
	提问：在现实生活中，美丽的东西让人心情愉悦。我们是如何美化自己的手机和房间的呢	思考在日常生活中如何美化自己的手机和房间				
2. 知识讲授与操作演示	教师讲解 Excel 的美化操作，使学生对 Excel 的格式化功能有初步的了解	思考如何使用各种格式化功能	集中	讲授	投影屏幕	30
	演示“员工信息表”工作表的格式化方法	掌握格式化表格的标题、表头、数据区域的方法，以及数据的条件格式化方法				
3. 学生讨论	巡视检查、记录回答学生提问	研究学习“数字”选项卡，特别是分类列表中的“数值”和“货币”的格式设置，如保留两位小数、加货币符号“¥”等	分组（4人一组，随机组合）	头脑风暴	计算机	30
		讨论单元格的格式化、工作表的格式化，以及套用表格格式的方法	分组（4人一组，随机组合）	头脑风暴	计算机	
		展示研究成果	分组（4人一组，随机组合）	可视化	计算机、投影屏幕、海报纸、展示板	
4. 完成工作任务	巡视检查、记录	打开“员工资料.xlsx”工作簿，按操作要求对“员工工资表（实训编辑）”进行格式化，并保存工作簿	独立	自主学习	计算机	40

5. 总结评价与提高	根据先期讨论结果，挑选出具有代表性的几个小组，对其进行初步点评	倾听点评	分组、集中	自主学习	计算机和投影屏幕	40
	对完成工作任务的过程进行总结（如格式化标题，格式化表头）	倾听总结，对自己的整个工作任务的完成过程进行反思并书写总结报告	集中	讲授、归纳总结法	计算机和投影屏幕	

教学单元设计实施方案细则

1．任务提出（20 分钟）
教师提出具体的工作任务——小王在工作中发现，平时都是使用 Excel 2007 的默认格式编辑工作表，这样的表格外观简单、朴实。随着社会的发展和实际应用的不断深入，有时总感到有一些美中不足。于是需要对员工信息表进行相应的格式化操作以满足需要。 提问：在现实生活中，美丽的东西让人心情愉悦。我们怎么美化自己的手机和房间呢？
2．知识讲授与操作演示（30 分钟）
（1）教师讲解 Excel 图表的美化操作，使学生对 Excel 的格式化功能有初步的了解。 背景资料：Excel 格式化操作 ① 标题的美化：选择合适的字体、字号、字体颜色、字体效果，然后合并居中。 ② 单元格的美化：为单元格数据选择合适的字体、字号、字体颜色、字体效果，为单元格设置边框和底纹。 ③ 表格背景的美化：选中需要操作的单元格，通过工具栏可以进行字体、字体大小、字体颜色、倾斜、下画线、单元格填充色的变化，这些与 Word 操作基本相同，不再赘述。实际上 Excel 的工具栏几乎与 Word 是完全相同的。 ④ 设置数字格式：在工作表的单元格中输入的数字，通常按照常规的格式显示，但是这种格式可能无法满足用户的要求，因为用户有可能用到的是货币、日期、时间、百分比、分数、科学计数等其他的格式。选中需要操作的区域，单击“格式”→“样式”命令即可设置单元格格式。要取消所设置的格式，只需在“格式”→“样式”→“数字”中选择“常规”即可。 ⑤ 隐藏行和列：有时仅需要将要修改的行或者列呈现出来，而将其他的隐藏。选中需要隐藏的行，单击“格式”→“行”→“隐藏”。要取消隐藏，选中跨越隐藏行的单元格（如隐藏了第 2 行，需要选中第 1 行和第 3 行的单元格）单击“格式”→“行”→“取消隐藏”。隐藏列与隐藏行的操作是相同的。 ⑥ 给单元格设置边框线：选中要操作的单元格，单击“格式”→“单元格”→“边框”，在“预置”中选择外边框或者内边框，还可通过下面的“边框”灵活选择边框线的种类，用于制作三线表格，在一个单元格内添加边框变成两栏，等等。 ⑦ 设置表格的立体效果：在 Excel 中，还可以利用单元格的框线颜色，为数据表设置“三维”立体效果。表的“凹感”立体效果，其实是用单元格的“框线”颜色设置的。首先将整个表格用较深的背景色填充，然后选中要立体化的单元格区域，单击“格式”→“单元格”→“边框”，选中线条样式为粗实线，颜色为黑色，单击左边的上边框线和左边框线；再选中线条样式为粗实线，颜色为白色，单击左边的下边框线和右边框线，确定之后，可以得到凹陷的立体效果。反之，上边框和左边框设置为白色，下边框和右边框设置为黑色，可以得到凸显的立体效果。 ⑧ 快速清除单元格的内容：如果要删除单元格中的内容以及它的格式和批注，就不能简单地应用选定该单元格，然后按【Delete】键的方法了。要彻底清除单元格，可用以下方法，选定想要清除的单元格或单元格范围，单击“编辑”菜单中“清除”项中的“全部”命令，这些单元格就恢复了本来的面目。 ⑨ 改变行高和列宽：将鼠标移至两个行号之间，待鼠标变成双箭头时上下拖动，可改变行高。要精确改变行高，可以选择“格式”→“行”→“行高” 输入相应的数值。也可根据输入字体的大小选择最适合的行高，单击“格式”→“行”→“最适合的行高”。改变列宽与改变行高是相同的，参照上述操作即可。

（2）演示“员工信息表”工作表的格式化方法，如格式化表格的标题、表头、数据区域，以及数据的条件格式化。
3．学生讨论（30分钟）
（1）学生随机每4人组成一个研究讨论小组，每组自行选出组长。由组长主持讨论学习“数字”选项卡，特别是分类列表中的“数值”和“货币”的格式设置。同时讨论研究单元格的格式化，工作表的格式，套用表格格式的方法。 （2）学生以小组为单位，用海报纸和多媒体投影设备展示本组研究结果。 （3）教师在此过程中不讲授任何内容，完全由学生带着问题自己来完成讨论过程，教师只充当咨询师的角色，并认真检查记录学生讨论的情况，便于考核学生。
4．完成工作任务（40分钟）
打开“员工资料.xlsx”工作簿，按操作要求对“员工工资表（实训编辑）”进行格式化，并保存工作簿。 注：仔细观察学生操作的方式，是否有拓展方式（如快捷按钮等）。
5．总结评价与提高（40分钟）
总结评价 （1）根据先期讨论结果，挑选出具有代表性的几个小组，对其进行初步点评。 教师总结：“数字”选项卡，特别是分类列表中的“数值”和“货币”的格式设置实际应用较多，如保留两位小数、加货币符号“￥”等。 （2）对完成工作任务过程进行总结（如条件格式化等）。 教师总结：Excel 2007在条件格式功能中，增加了“数据条”、“色阶”及“图标”功能，三者的使用方法完全一致。下面以设置“数据条”格式为例介绍具体操作过程。 选中需要添加数据条格式的单元格区域，单击“样式”组中的“条件格式”按钮，在随后出现的下拉列表中，展开“数据条”选项，在随后出现的数据条样式列表中，选择一种合适的样式即可。此处，如果要修改“数据条”、“色阶”及“图标”的属性，请按下述方法操作。 选中需要添加数据条格式的单元格区域，单击“样式”组中的“条件格式”按钮，在随后出现的下拉列表中，展开“数据条”选项，在随后出现的下拉菜单中，选择“其他规则”选项，打开“新建格式规则”对话框。 先单击“格式样式”右侧的下拉按钮，在随后出现的下拉列表中，选择一种样式；再设置“最小值”、“中间值”、“最大值”的类型，并根据表格的色彩搭配，调整好颜色。全部设置完成后，单击“确定”按钮返回即可。 （3）学生对自己完成的工作进行总结与反思，主要写出自己在小组讨论与完成工作任务的过程中的收获，并提交书面总结报告。 提高 单元格的格式化，工作表的格式，套用表格格式等（回答正确，并能操作讲解明白，酌情给予3～5分的加分）。

任务 4——计算“员工工资表（计算）”工作表

教学单元设计实施方案

<table>
<tr><td colspan="2">教学单元名称</td><td colspan="2">计算“员工工资表（计算）”工作表</td><td>课时</td><td>4 学时</td></tr>
<tr><td colspan="2" rowspan="2">所属章节</td><td colspan="2">第 5 章　电子表格处理软件应用（Excel 2007）</td><td rowspan="2">授课班级</td><td rowspan="2"></td></tr>
<tr><td colspan="2">学习单元 5.2　电子表格的数据计算及管理</td></tr>
<tr><td colspan="2">任务描述</td><td colspan="4">小王在实习中常常遇到需要计算的报表，而且计算量也很大，但是这些都难不倒小王。Excel 2007 提供的公式和函数在数据处理方面具有强大的功能，如计算总数、最大值、最小值、平均值等。灵活使用这些功能就能轻松完成计算任务。</td></tr>
<tr><td colspan="2">任务分析</td><td colspan="4">计算机系统除了能够接受用户的数据输入外，对数据自动、精确、高速地运算处理是它的主要特点。通过对本任务的学习，要理解 Excel 2007 的公式和函数，掌握电子表格的常用计算方法，包括公式的使用和 5 个常用函数的应用等。
本任务分为以下几个步骤进行：
● 计算应发工资；
● 计算失业金；
● 计算扣款总额；
● 计算实发工资；
● 计算各数据列的平均值。
● 计算各数据列的最大值；
● 计算各数据列的最小值；
● 计算员工总人数；
● 计算满足条件的员工人数；</td></tr>
<tr><td rowspan="3">教学目标</td><td>方法能力</td><td>（1）能够有效地获取、利用和传递信息。
（2）能够在工作中寻求发现问题和解决问题的途径。
（3）能够独立学习，不断获取新的知识和技能。
（4）能够对所完成工作的质量进行自我控制及正确评价。</td><td rowspan="3">考核方式</td><td colspan="2" rowspan="3">过程考核与终结考核
过程考核：小组设计成果（30%）、个人计算“实训（计算）”工作表成果（30%）
终结考核：总结反思报告（40%）</td></tr>
<tr><td>社会能力</td><td>（1）在工作中能够良好沟通，掌握一定的交流技巧。
（2）公正坦诚、乐于助人，学会与人相处。
（3）做事认真、细致，有自制力和自控力。
（4）有较强的团队协作精神和环境意识。</td></tr>
<tr><td>专业能力</td><td>（1）要理解 Excel 2007 的公式和函数。
（2）掌握电子表格的常用计算方法，包括公式的使用和 5 个常用函数的应用等。</td></tr>
<tr><td>教学环境</td><td colspan="5">为每位学生配备的计算机具备如下的软硬件环境。
软件环境：Windows XP，Excel 2007，公司相关数据表。
硬件环境：海报纸、投影屏幕、展示板。</td></tr>
</table>

教学单元设计实施方案架构

教学内容	教师行动	学生行动	组织方式	教学方法	资源与媒介	时间（分）
1. 任务提出	教师解释具体工作任务	接受工作任务	集中	引导文法	投影屏幕	20
	提问：在日常学习生活中，大家用什么工具计算遇到的各类算术问题，如全年家庭总收入，每月平均消费额等？不同的工具在使用上各有什么特点	思考在日常学习生活中，用什么方式计算遇到的算术问题，这些方式各有什么特点				
2. 知识讲授与操作演示	教师讲解 Excel 2007 的公式和函数功能，使学生对 Excel 的计算功能有初步了解	思考如何使用各种公式和函数	集中	讲授	投影屏幕	40
	演示：对“员工资料（计算）”进行各项计算，如应发工资、实发工资等	掌握应发工资，失业金，扣款总额，实发工资，各数据列的平均值、最大值、最小值，员工总人数，满足条件的员工人数的计算方法				
3. 学生讨论	巡视检查、记录 回答学生提问	讨论快速完成“应发工资”列的求和计算的方法	分组（4人一组，随机组合）	头脑风暴	计算机	20
		讨论“开始”选项卡功能区的“编辑”组中求和按钮的使用方法	分组（4人一组，随机组合）	头脑风暴	计算机	
		讨论两个计数函数“COUNT()”和“COUNTA()”的区别	分组（4人一组，随机组合）	头脑风暴	计算机	
		展示研究成果	分组（4人一组，随机组合）	可视化	计算机、投影屏幕、海报纸、展示板	

4. 完成工作任务	巡视检查、记录	打开“员工资料（计算与管理）”工作簿，用公式和函数按操作要求对“实训（计算）”工作表进行计算，并保存工作簿	独立	自主学习	计算机	40
5. 总结评价与提高	根据先期学生讨论结果，挑选出具有代表性的几个小组，对其进行初步点评	倾听点评	分组、集中	自主学习	计算机和投影屏幕	40
	对完成工作任务过程进行总结（如计算学生总分、平均分等）	倾听总结，对自己的整个工作任务的完成过程进行反思并书写总结报告	集中	讲授、归纳总结法	计算机和投影屏幕	

教学单元设计实施方案细则

1．任务提出（20 分钟）

教师提出具体的工作任务——小王在实习中常常遇到需要计算的报表，而且计算量也很大，但是这些都难不倒小王。Excel 2007 提供的公式和函数在数据处理方面具有强大的功能，灵活使用这些功能就能轻松完成计算任务。我们将使用“员工资料（计算）”工作表，利用公式和函数的多个功能（如平均值、最大值、最小值等）完成本项任务。

提问：在日常学习生活中，大家用什么工具计算遇到的各类算术问题，如全年家庭总收入，每月平均消费额等？不同的工具在使用上各有什么特点？

2．知识讲授与操作演示（40 分钟）

（1）教师讲解 Excel 2007 的公式和函数功能，使学生对 Excel 的计算功能有初步了解。

背景资料：Excel 2007 的公式和函数

① Excel 2007 的公式。

公式是在工作表中对数据进行分析的等式，它由一个等号、若干数据项和若干连接数据项的运算符组成。等号“=”在公式的最前面，后面的数据项与运算符交替出现。等号“=”是公式的标志。

可以用来构成公式的数据项有：常量数值，如 22、-4.44、“年龄”等；单元格引用，如 A1、A1、A1:B5 等；Excel 内置函数，如 SUM()、AVERAGE()、COUNTA()等。

公式中的运算符主要包含 4 种：算术运算符、比较运算符、文本运算符和引用运算符。其常见应用如下表所示。

常见运算符及应用举例

分类	运算符号	含　义	应用举例
算术运算符	+	加	12+21.3
	–（减号）	减	A3-34
	–（负号）	负数	–45
	*	乘	6*7
	/	除	20/6
比较运算符	=	两边数据项相等为真，否则为假	A1=A2
	>	左边数据项大于右边数据项时为真，否则为假	A1>A2
	>=	左边数据项大于等于右边数据项时为真，否则为假	A1>=A2
	<	左边数据项小于右边数据项时为真，否则为假	A1<A2
	<=	左边数据项小于等于右边数据项时为真，否则为假	A1<=A2
文本运算符	&	将两个字符串连接起来，产生一个连续的字符串	“中国”&”人民”
引用运算符	:	区域运算符。两个引用单元格之间的区域引用	A1:A5
	,	联合运算符。可作为参数分隔符	Sum(a1:a5,b1:b5)

② Excel 2007 的函数。

在 Excel 2007 中，函数是一种预置的公式，它在得到输入值后就会执行运算，完成指定的操作任务，然后返回结果值，其目的是可以简化和缩短工作表中的公式，特别适用于执行繁长或复杂的公式。

函数作为特殊的公式，由 3 部分组成：函数名、参数和返回值。

函数通过运算后，得到一个或几个运算的结果，返回给用户或公式。如果提供的参数不合理，函数运算后可以得到一个错误的结果，这时函数将返回一个错误值。如返回错误值为“#VALUE！”，则表示此时使用的参数或运算操作符与数据项不匹配。 Excel 2007 按函数的应用类型进行了分类，如常用函数、全部、财务、日期与时间等 13 类。把最近使用的函数归入常用函数类。 ③ 公式中单元格的引用。 对于公式“=A1+5”，在两个数据项 A1 和 5 中，数据项 5 直接参与公式的运算，这是很好理解的，可是数据项 A1 表示什么含义呢？实际上，A1 并没有参与运算，而是告诉 Excel 2007 从当前工作表中 A1 单元格中取出数据，由单元格 A1 中的数据参与运算。这就是 Excel 2007 的单元格引用。 通过单元格的引用，可以在公式中使用工作表中不同部分的数据，也可以使用同一工作簿中不同工作表中的数据，甚至不同工作簿中的数据。读者可以试一试。 公式中单元格的引用分为三类，现做一简单介绍。 单元格或单元格区域的相对引用是最常用的一种。在默认状态下，Excel 2007 使用的是相对引用。在公式中，对一个单元格的相对引用是指该单元格与公式所在单元格的相对位置。例如，用户在单元格 C4 中输入了公式“=A1+5”，单元格 A1 在公式中是相对引用，Excel 2007 内部处理这个公式时，把位置 A1 理解为是在单元格 C4 的所在行上面 3 个单元格和 C4 所在列的左边 2 个单元格的位置，并从中取出数据参与公式计算。在复制公式时，本质上是复制的公式对单元格引用的相对位置。 公式中引用的单元格都是其在工作表中的固定位置，与公式所在的位置无关，这种引用方式称为绝对引用。如“A1”就表示单元格 A1 是绝对引用的，当复制引用它的公式时，“A1”始终不变。 在公式复制到另一个单元格时，相对引用的单元格位置被更新，绝对引用的单元格位置则保持不变。利用这一特点，在一个公式中，不希望单元格位置被更改的部分采用绝对引用，而需要相应更新位置的部分采用相对引用，这种引用方式称为混合引用。如公式“=A1+B3”就是一个混合引用公式。 ④ “选择性粘贴”命令的使用。 我们知道，单元格中除了数据之外，还有单元格的格式，甚至还可能有批注或公式，那么将一个单元格或单元格区域，从一个位置复制到另一个位置时，有时需要全部复制，但有时却只需要它们的格式、批注或公式，或者希望“粘贴”后与目标位置的原数据进行某些简单的运算。这时，就要使用到“选择性粘贴”命令了。 （2）演示：对“员工资料（计算）”进行各项计算，如应发工资，失业金，扣款总额，实发工资，各数据列的平均值、最大值、最小值等。
3．学生讨论（20 分钟）
（1）学生随机每 4 人组成一个研究讨论小组，每组自行选出组长。由组长主持讨论“应发工资”列的求和计算方法和“开始”选项卡功能区的“编辑”组中求和按钮的使用方法，以及两个计数函数“COUNT()”和“COUNTA()”的区别。 （2）学生以小组为单位，用海报纸和多媒体投影设备展示本组研究结果。 （3）教师在此过程中不讲授任何内容，完全由学生带着问题自己来完成讨论过程，教师只充当咨询师的角色，并认真检查记录学生讨论的情况，便于考核学生。
4．完成工作任务（40 分钟）
打开“员工资料（计算与管理）”工作簿，用公式和函数按操作要求对“实训（计算）”工作表进行计算，并保存工作簿。

注：仔细观察学生操作的方式，是否有拓展方式（如快捷按钮等）。
5．总结评价与提高（40 分钟）
总结评价 （1）根据先期讨论结果，挑选出具有代表性的几个小组，对其进行初步点评。 教师总结：快速完成“应发工资”列的求和计算。选中单元格 G5，鼠标移到“填充句柄”时出现“+”形状，拖动“填充句柄”到单元格 G28 即可。 “COUNT()”是计算区域中仅包含数字的单元格个数，函数“COUNTA()”是计算区域中非空单元格的个数。对员工进行计数一般使用“姓名”数据列中的数据，这样便于理解。 （2）对完成工作任务过程进行总结（如计算平均值、最大值等）。 教师总结：使用单元格的“填充”命令，实际上是对单元格公式进行复制操作。之所以能快速完成求和计算，本质上是公式对单元格区域的相对引用。 （3）学生对自己完成的工作进行总结与反思，主要写出自己在小组讨论与完成工作任务的过程中的收获，并提交书面总结报告。 提高 自己创建公式解决计算问题（回答正确，并能操作讲解明白，酌情给予 3～5 分的加分）。

任务 5——管理电子表格的数据

教学单元设计实施方案

<table>
<tr><td colspan="2">教学单元名称</td><td>管理电子表格的数据</td><td>课时</td><td>4 学时</td></tr>
<tr><td colspan="2" rowspan="2">所属章节</td><td>第 5 章　电子表格处理软件应用（Excel 2007）</td><td rowspan="2">授课班级</td><td rowspan="2"></td></tr>
<tr><td>学习单元 5.2　电子表格的数据计算及管理</td></tr>
<tr><td colspan="2">任务描述</td><td colspan="3">小王在一家公司财务部上班，对公司员工信息以及工资表进行管理。公司效益非常不错，每个人工作都很努力，月末和年底都要对各部门以及员工进行奖励。劳动量和收入的多少基本成正比，由于涉及绩效和公司内部的各项评比，因此小王管理好这些数据就显得非常重要了。</td></tr>
<tr><td colspan="2">任务分析</td><td colspan="3">排序能使数据表中的记录按一定的规律排列（升序或降序）；筛选能使用户从大量的数据中提取所需要的部分；分类汇总能在按某一字段对记录进行排序分类的同时还对同一类中的记录进行某些方面的统计计算。
通过本任务的学习，要理解并能熟悉操作 Excel 2007 给我们提供的常用的数据管理功能，如排序、筛选、分类汇总等。本任务分为以下几个步骤进行：
● 对“员工信息表（排序）”工作表进行排序；
● 对“员工工资表（筛选）”工作表进行筛选；
● 对“员工工资表（分类汇总）”工作表进行分类汇总。</td></tr>
<tr><td rowspan="3">教学目标</td><td>方法能力</td><td>（1）能够有效地获取、利用和传递信息。
（2）能够在工作中寻求发现问题和解决问题的途径。
（3）能够独立学习，不断获取新的知识和技能。
（4）能够对所完成工作的质量进行自我控制及正确评价。</td><td rowspan="3">考核方式</td><td rowspan="3">过程考核与终结考核
过程考核：小组设计成果（30%）、个人完成数据管理成果（30%）
终结考核：总结反思报告（40%）</td></tr>
<tr><td>社会能力</td><td>（1）在工作中能够良好沟通，掌握一定的交流技巧。
（2）公正坦诚、乐于助人，学会与人相处。
（3）做事认真、细致，有自制力和自控力。
（4）有较强的团队协作精神和环境意识。</td></tr>
<tr><td>专业能力</td><td>（1）能够通过管理电子表格的数据对记录排序。
（2）能够对数据表中的记录进行筛选。
（3）能够对数据表中的记录进行分类汇总。</td></tr>
<tr><td>教学环境</td><td colspan="4">为每位学生配备的计算机具备如下的软硬件环境。
软件环境：Windows XP，Excel 2007，公司相关数据表。
硬件环境：海报纸、投影屏幕、展示板。</td></tr>
</table>

教学单元设计实施方案架构

教学内容	教师行动	学生行动	组织方式	教学方法	资源与媒介	时间（分）
1. 任务提出	教师解释具体工作任务	接受工作任务	集中	引导文法	投影屏幕	20
	提问：在现实生活中，如何按一定的规律对数据进行排列	思考如何对同学们的各项成绩进行比较				
2. 知识讲授与操作演示	教师讲解对数据排序的各种方法，使学生掌握升序及降序	认识了解对数据排序、筛选和汇总在现实中的重要性	集中	讲授	投影屏幕	40
	演示对数据进行管理的各项操作	思考对数据管理的其他方式				
	演示排序、筛选的具体操作过程	精神集中，仔细观察教师的演示操作				
	演示分类汇总操作的过程	精神集中，仔细观察教师的演示操作				
3. 学生讨论	巡视检查、记录 回答学生提问	讨论对数据进行管理的方式	分组（2人一组，随机组合）	头脑风暴	计算机	40
		掌握对数据排序、筛选和分类汇总的方法，能够将教师提供的数据表按要求进行管理	分组（2人一组，随机组合）	头脑风暴	计算机	
		展示研究成果	分组（2人一组，随机组合）	可视化	海报纸展示板	
4. 完成工作任务	巡视检查、记录	直接报出结果	独立	自主学习	计算机	20
5. 总结评价与提高	根据先期观察记录，挑选出具有代表性的几个小组的最终成品，随机抽取学生对其进行初步点评	倾听点评	分组、集中	自主学习	计算机和投影屏幕	40
	对任务完成情况进行总结（如快捷键等），拓展能力	倾听总结，对自己的整个工作任务的完成过程进行反思并书写总结报告	集中	讲授、归纳总结法	计算机和投影屏幕	

教学单元设计实施方案细则

1．任务提出（20 分钟）

教师提出具体的工作任务——小王在一家公司财务部上班，对公司员工信息以及工资表进行管理。公司效益非常不错，每个人工作都很努力，月末和年底都要对各部门以及员工进行奖励。劳动量和收入的多少都是成正比的，由于涉及绩效和公司内部的各项评比，因此小王管理好这些数据就显得非常重要了。提问：在现实生活中，如何按一定的规律对数据进行排列？

2．知识讲授与操作演示（40 分钟）

（1）教师讲授数据管理的相关知识。

背景资料：将数据表中的记录按一定的规律排列

排序的目的是将一组“无序”的记录序列调整为“有序”的记录序列。

微软 Excel 允许对字符、数字等数据按大小顺序进行升序或降序排列，要进行排序的数据称为关键字。不同类型的关键字的排序规则如下。

数值：按数值的大小。

字母：按字母先后顺序。

日期：按日期的先后。

汉字：按汉语拼音的顺序或按笔画顺序。

逻辑值：升序时 FALSE 排在 TRUE 前面，降序时相反。

空格：总是排在最后。

使“员工信息表（排序）”成为当前工作表。本步骤排序要求：按主关键字“所属部门”的升序排序，当所属部门相同时，再按次关键字“出生日期”的降序排序。

① 选取将要排序的数据表格（数据清单）。用鼠标单击数据表中任意一条记录的任意一个单元格。

② 打开“排序”对话框并设置相关的参数。打开“数据”选项卡的功能区，用鼠标单击“排序和筛选”组中的“排序”按钮，打开“排序”对话框。设置完主要关键字“所属部门”的相关参数后，单击上方的“添加条件”按钮 添加条件(A)，再设置次要关键字“出生日期”的相关参数，最后单击“确定”按钮。

背景资料：对“员工工资表（筛选）”工作表进行筛选

Execl 本身具有很方便的排序与筛选功能，下拉“数据”菜单即可对数据清单进行排序或筛选。但也有不足，首先无论排序或筛选都改变了原清单的原貌，特别是清单的数据从其他工作表链接来而源数据发生变化时，或清单输入新记录时必须从新进行排序或筛选。其次还有局限，如排序只能最多对 3 个关键字（3 列数据）排序，筛选对同一列数据可用|“与”、或“或”条件筛选，但对不同列数据只能用“与”条件筛选。

使“员工工资表（筛选）”成为当前工作表，将“员工工资表（计算）”工作表的数据复制到该表中。本步骤筛选要求：筛选出“所属部门”为销售部，“实发工资”在 3 000～6 000 之间的员工记录。

① 选取将要筛选的数据表格。用鼠标单击数据表中任意一条记录的任意一个单元格。

② 筛选出“所属部门”为销售部的记录。打开“数据”选项卡的功能区，用鼠标单击“排序和筛选”组中的“筛选”按钮。此时，数据表表头中的每个列标题内的右边出

现一个按钮▼，单击列标题为“所属部门”右边的按钮▼，弹出下拉菜单，在该菜单的下方只勾选“销售部”，单击“确定”按钮。

③ 筛选出“实发工资”在 3 000～6 000 之间的员工记录。单击列标题为“实发工资”的右边的按钮▼，弹出下拉菜单，在该菜单中选择“数字筛选”→“介于”或“自定义筛选”命令，打开“自定义自动筛选方式”对话框，在该对话框中进行设置，单击“确定”按钮。

背景资料：对“员工工资表（分类汇总）”工作表进行分类汇总

使“员工工资表（分类汇总）”成为当前工作表，将“员工工资表（计算）”工作表的数据复制到该表中。本步骤分类汇总要求：按“所属部门”进行分类，对“应发工资”和“实发工资”分别进行求和汇总。

① 选取将要分类汇总的数据表格。用鼠标单击数据表中任意一条记录的任意一个单元格。

② 对数据表按关键字“所属部门”进行排序（如升序）。

③ 打开“分类汇总”对话框并设置相关的参数。打开“数据”选项卡的功能区，用鼠标单击“分级显示”组中的“分类汇总”按钮，打开“分类汇总”对话框，设置完成后单击“确定”按钮。

（2）教师演示在 Excel 中对数据进行排序的具体操作方法，按某个关键字演示升序和降序排序。

提问：请随机组成小组（2 人一组），大家一起来讨论有没有其他对工作表中的数据进行排序的方法。

（3）教师全程演示对“员工工资表（筛选）”筛选出“所属部门”为销售部，实发工资在 3 000～6 000 之间的员工记录的过程。教师在演示完筛选操作过程后，另外给出筛选条件让学生巩固练习，增强学生动手设置的兴趣。

3．学生讨论（40 分钟）

（1）学生随机每 3 人组成一个研究讨论小组，每组自行选出组长。由组长主持讨论对数值、字母、日期、汉字、逻辑值和空格进行排序、筛选和分类汇总的方法。

（2）学生以小组为单位展示自己小组的研究成果。

（3）教师在此过程中不讲授任何内容，完全由学生带着问题自己来完成讨论过程，教师只充当咨询师的角色，并认真检查记录学生讨论的情况，便于考核学生。

4．完成工作任务（20 分钟）

学生利用小组讨论掌握的方法，首先对工作表中的数据进行排序，排序完成后再按关键字以及条件进行筛选，完成后再进行分类汇总。

注：仔细观察学生完成这些小课题的操作方式，是否有拓展方式（如快捷键、右键菜单等）。

5．总结评价与提高（40 分钟）

总结评价

教师依据学生讨论及完成工作过程中的行动记录，挑选出具有代表性的几个小组的工作成果，随机抽取几个学生对其进行点评，说出优点与不足之处。

教师总结：体会对繁杂的数据进行科学管理的好处，让人觉得再纷繁复杂的数据也变得一目了然。

（1）教师总结与学生总结相结合，对操作过程中出现的一些问题加以强调，避免再次出现，提高工作效率。

（2）学生对自己完成的工作进行总结与反思，主要写出自己在小组讨论与完成工作任务的过程中的收获，并提交书面总结报告。

提高

打开“员工资料（计算与管理）”工作簿，按下列操作要求对“实训（管理）”工作表中的数据进行管理（排序、筛选、分类汇总），并保存工作簿。

① 按主关键字“户口所在地”的降序排序，当户口所在地相同时，再按次关键字“出生年月”的升序排序。

② 筛选出农村户籍的男生。

③ 筛选出 1990-1-1 之前出生的学生。

④ 筛选出“户口所在地”数据列中包含“区”的学生。

⑤ 按“户口所在地”进行分类，对“姓名”计数汇总（操作结果正确，并能讲解明白，酌情给予 5～10 分的加分）。

任务 6——数据图表的使用

教学单元设计实施方案

<table>
<tr><td colspan="2">教学单元名称</td><td colspan="2">数据图表的使用</td><td>课时</td><td>4 学时</td></tr>
<tr><td colspan="2" rowspan="2">所属章节</td><td colspan="2">第 5 章 电子表格处理软件应用（Excel 2007）</td><td rowspan="2">授课班级</td><td rowspan="2"></td></tr>
<tr><td colspan="2">学习单元 5.3 电子表格的数据分析</td></tr>
<tr><td colspan="2">任务描述</td><td colspan="4">小王已经掌握了如何管理电子表格数据的方法。每个月公司老总都要对各部门的各项数据进行分析、比较，以便更好地做出决策，虽然做了排序、筛选和分类汇总，但看到的还是一大堆的数据，总觉得不是很直观，要花很多时间才弄得清楚整体情况。于是她发现把这些数据创建成图表，用不同的图形，不同的颜色来表示不同的数据，看起来显得很形象、很直观，能很容易地从中了解到数据的变化趋势。</td></tr>
<tr><td colspan="2">任务分析</td><td colspan="4">数据图表可以形象、直观地表示数值的大小及变化趋势，让数据与图形联系起来。通过本任务的学习，能够选择合适的图表类型来表示和说明数据的特点；掌握数据图表的创建、编辑及格式化等操作。
本任务分为以下几个步骤进行：
● 对工作表“员工信息表”进行三维簇状柱形图分析；
● 对工作表“员工工资表”进行饼图分析；
● 对工作表“员工销售表”进行折线图分析。</td></tr>
<tr><td rowspan="3">教学目标</td><td>方法能力</td><td>（1）能够有效地获取、利用和传递信息。
（2）能够在工作中寻求发现问题和解决问题的途径。
（3）能够独立学习，不断获取新的知识和技能。
（4）能够对所完成工作的质量进行自我控制及正确评价。</td><td rowspan="3">考核方式</td><td colspan="2" rowspan="3">过程考核与终结考核
过程考核：小组设计成果（30%）、个人完成数据分析工作成果（30%）
终结考核：总结反思报告（40%）</td></tr>
<tr><td>社会能力</td><td>（1）在工作中能够良好沟通，掌握一定的交流技巧。
（2）公正坦诚、乐于助人，学会与人相处。
（3）做事认真、细致，有自制力和自控力。
（4）有较强的团队协作精神和环境意识。</td></tr>
<tr><td>专业能力</td><td>（1）能够对工作表中的数据进行三维簇状柱形图分析。
（2）能够对工作表中的数据进行饼图分析。
（3）能够对工作表中的数据进行折线图分析。</td></tr>
<tr><td>教学环境</td><td colspan="5">为每位学生配备的计算机具备如下的软硬件环境。
软件环境：Windows XP，Excel 2007，公司相关数据表。
硬件环境：海报纸、投影屏幕、展示板。</td></tr>
</table>

教学单元设计实施方案架构

教学内容	教师行动	学生行动	组织方式	教学方法	资源与媒介	时间（分）
1. 任务提出	教师解释具体工作任务	接受工作任务	集中	引导文法	投影屏幕	20
	提问：在我们的学习成绩中，如何能够一眼看出整个考试情况	思考用哪种方式可以形象、直观地表示数值大小及变化趋势				
2. 知识讲授与操作演示	教师讲解数据图表的相关知识，使学生了解数据图表是如何创建的	思考如何创建、修改、格式化图表，如何选择图表类型	集中	讲授	投影屏幕	30
	演示柱形图、饼图和折线图	掌握数据图表的创建、修改及格式化				
3. 学生讨论	巡视检查、记录回答学生提问	讨论用哪种数据图表能更直观地表达意思	分组（4人一组，随机组合）	头脑风暴	计算机	50
		掌握各种数据图表的创建、修改方法	分组（4人一组，随机组合）	头脑风暴	计算机	
		设计数据图表，使用海报纸展示小组设计成果	分组（4人一组，随机组合）	可视化	海报纸和展示板	
4. 完成工作任务	巡视检查、记录	利用各种数据图表设计成果将数据表示出来	独立	自主学习	计算机	20
5. 总结评价与提高	根据先期观察记录，挑选出具有代表性的几个小组的数据图表作品，随机抽取学生对其进行初步点评	倾听点评	分组、集中	自主学习	计算机和投影屏幕	40
	对选用最佳效果的数据图表进行总结（如类型、修饰等）	倾听总结，对自己的整个工作任务的完成过程进行反思并书写总结报告	集中	讲授、归纳总结法	计算机和投影屏幕	

教学单元设计实施方案细则

1．任务提出（20 分钟）
教师提出具体的工作任务——小王已经掌握了如何管理电子表格数据的方法。每个月公司老总都要对各部门的各项数据进行分析、比较，以便更好地做出决策，虽然做了排序、筛选和分类汇总，但看到的仍是一大堆的数据，总觉得不是很直观，要花很多时间才能清楚整体情况。于是她发现把这些数据创建成图表，用不同的图形，不同的颜色来表示不同的数据，看起来显得很形象、很直观，能很容易地从中了解到数据的变化趋势。 提问：在现实生活中，如何向别人形象直观地表达自己的意思？如何来说明事物的变化趋势？
2．知识讲授与操作演示（30 分钟）
（1）教师讲授数据图表的基本概念。 背景资料：三维簇状柱形图分析 打开“员工资料（分析）”工作簿，使“员工工资表”成为当前工作表，本步骤数据图表分析要求：以员工的姓名为图例项，对员工的“基本工资”、“行政工资”、“应发工资”、“实发工资”进行三维簇状柱形图比较分析。 ① 选取数据图表所需的数据。用鼠标选中“姓名”、“基本工资”、“行政工资”、“应发工资”、“实发工资”所在的列的数据区域。 ② 数据图表的创建。打开“插入”选项卡的功能区，用鼠标单击“图表”组中的柱形图按钮，打开其下拉菜单，单击三维簇状柱形图按钮。 ③ 数据系列的切换。用鼠标单击图表区，打开“图表工具”选项卡，打开“设计”子选项卡，单击“数据”组中的“切换行/列”按钮。此时，在图表中很容易比较出各员工某一类工资项的工资多少。 ④ 设置图表标题。打开“设计”子选项卡，单击“图表布局”组中的“布局 1”按钮。此时，在图表区上方出现“图表标题”字样，选中这个对象，将其修改为“员工工资情况对照表”。 ⑤ 图例的设置。打开“布局”子选项卡，单击“标签”组中的图例按钮，打开下拉菜单，选择“在右侧显示图例”命令（默认情况下图例显示在右侧），用鼠标选中图例，拖动周围的句柄来改变图例的大小。在“开始”选项卡的功能区中设置适当的字体、字号，打开“格式”子选项卡，单击“形状样式”组里的“细微效果-强调颜色 1”按钮，设置图例的形状样式。 ⑥ 垂直轴的设置。在图表区域中用鼠标选中垂直轴，打开“布局”子选项卡，单击“当前内容所选”组中的“设置所选内容格式”按钮设置所选内容格式，弹出“设置坐标轴格式”对话框，对刻度、最大值、最小值等进行设置，设置垂直轴的字体、字号。 ⑦ 背景设置。选中图表区域中的“背景墙”，打开“格式”子选项卡，单击“当前所选内容”组中的“设置所选内容格式”按钮设置所选内容格式，弹出“设置背景墙格式”对话框，将“填充”列表项设为“图片或纹理填充”，其中的纹理选为“绿色大理石”。用同样的方法设置侧面墙填充。 ⑧ 数据表的设置。打开“布局”子选项卡，单击“标签”组中的数据表按钮，在打开的下拉菜单中选择“显示数据表和图例项标示”命令。此时，在图表区的下方显示出了数据表。 ⑨ 调整数据图表的大小及位置。

背景资料：饼图分析

使“员工工资表”成为当前工作表，本步骤数据图表分析要求：对数据表中的“姓名”和“应发工资”两列进行饼图比例分析。

① 选择数据区域。在数据表中选取“姓名”和“应发工资”两列。

② 创建饼图。打开“插入”选项卡的功能区，用鼠标单击“图表”组中的饼图按钮，打开其下拉菜单，选择“饼图”按钮。此时，在当前工作表中创建了图表标题为“应发工资”的饼图图表。

③ 添加数据标签。选中系列“应发工资”，在该对象上单击鼠标右键，在弹出的快捷菜单上选择“添加数据标签”命令。此时，在二维饼图的每个扇面上显示出了详细数据。

④ 设置图表标题格式。用鼠标选中图表标题，单击鼠标右，在弹出的快捷菜单上方出现格式工具栏，设置字体格式为“方正胖娃简体”，颜色为“红色”。

⑤ 设置图例格式。选中图例，单击鼠标右键，打开快捷菜单，选中“设置图例格式”命令，在打开的“设置图例格式”对话框中进行相关参数的设置。

⑥ 设置图表区格式。选中图表区，单击鼠标右键打开快捷菜单，选中“设置图表区域格式”命令，在打开的“设置图表区域格式”对话框中，将“填充”列表项设为“图片或纹理填充”，其中的纹理选为“绿色大理石”。

⑦ 调整图表的大小到合适位置。

背景资料：折线图分析

使“员工销售表”成为当前工作表，本步骤数据图表分析要求：分析销售部各员工上半年的销售业绩趋势。具体来讲，就是以姓名为图例项，对数据表中前 6 个月的数据进行折线图趋势分析。

① 选取数据区域。

② 创建折线图。打开“插入”选项卡的功能区，用鼠标单击“图表”组中的折线图按钮，打开其下拉菜单，选择“折线图”按钮。此时，在当前工作表中创建了二维折线图。

③ 添加网格线。选中图表，打开“布局”子选项卡，单击“坐标轴”组中的“网格线”按钮，在“主要纵网格线”的下一级菜单中选择“次要网格线”命令。

④ 对折线图进行相关格式化。按照第一步或第二步的方法，对折线图进行如下编辑和格式设置：行/列切换、添加图表标题、坐标轴的设置、图例的设置等。

⑤ 对图表元素及整个图表的大小、位置进行适当调整。

（2）教师演示数据图表的创建、修改、格式化，只演示一个数据图表的方法。

提问：请随机组成小组（4 人一组），大家一起来讨论有没有其他的创建、修改、格式化数据图表的方式，然后再看看除了工具栏方式能够完成对数据图表的操作以外还有什么其他简便的方式可实现对数据图表的操作。

3．学生讨论（50 分钟）

（1）学生随机每 4 人组成一个研究讨论小组，每组自行选出组长。由组长主持讨论创建、修改、格式化数据图表的其他方式，以及讨论多种实现创建、修改、格式化数据图表的方式。

（2）学生以小组为单位展示自己小组设计的数据图表。

（3）教师在此过程中不讲授任何内容，完全由学生带着问题自己来完成讨论过程，教师只充当咨询师的角色，并认真检查记录学生讨论的情况，便于考核学生。

4．完成工作任务（20 分钟）
学生利用小组讨论掌握的创建、修改、格式化数据图表的方法，完成工作任务。 注：仔细观察学生文件操作的方式，是否有拓展方式（如快捷键、右键菜单等）。
5．总结评价与提高（40 分钟）
总结评价 （1）教师依据学生讨论及完成工作过程中的行动记录，挑选出具有代表性的几个小组的工作成果，随机抽取几个学生对其进行点评，说出优点与不足之处。 教师总结：选择合适的数据图表类型。 （2）教师总结与学生总结相结合，对数据图表操作过程中的简便方式进行总结（如快捷键、拖曳等），掌握针对不同数据图表的简便方法，提高工作效率。 （3）学生对自己完成的工作进行总结与反思，主要写出自己在小组讨论与完成工作任务的过程中的收获，并提交书面总结报告。 提高 对已经创建好的数据图表进行背景墙修饰，对数据源进行编辑，对图表的样式进行设置（能操作并讲解明白，根据最终结果酌情给予 3～5 分的加分）。

任务 7——数据透视表的使用

教学单元设计实施方案

<table>
<tr><td colspan="2">教学单元名称</td><td>数据透视表的使用</td><td>课时</td><td>4 学时</td></tr>
<tr><td colspan="2" rowspan="2">所属章节</td><td>第 5 章　电子表格处理软件应用（Excel 2007）</td><td rowspan="2">授课班级</td><td rowspan="2"></td></tr>
<tr><td>学习单元 5.3　电子表格的数据分析</td></tr>
<tr><td colspan="2">任务描述</td><td colspan="3">小王把处理好的反映公司各部门工资情况的数据图交给了领导，领导觉得很形象、很直观，特别能从中了解到数据的变化趋势，还夸奖小王办事细心、得力。领导又提出希望能了解各部门各员工的出勤情况，这么多的部门，不知道领导是要看哪些部门哪些员工的出勤情况，于是小王想到了数据透视表。</td></tr>
<tr><td colspan="2">任务分析</td><td colspan="3">利用数据透视表可以从各种不同的角度对数据进行分析处理并用表格或图表的形式表示出来。本任务分为以下几个步骤进行。
● 选取数据源；
● 创建数据透视表；
● 向数据透视表添加字段。</td></tr>
<tr><td rowspan="3">教学目标</td><td>方法能力</td><td>（1）能够有效地获取、利用和传递信息。
（2）能够在工作中寻求发现问题和解决问题的途径。
（3）能够独立学习，不断获取新的知识和技能。
（4）能够对所完成工作的质量进行自我控制及正确评价。</td><td rowspan="3">考核方式</td><td rowspan="3">过程考核与终结考核
过程考核：小组设计成果（30%）、个人完成数据透视图表成果（30%）
终结考核：总结反思报告（40%）</td></tr>
<tr><td>社会能力</td><td>（1）在工作中能够良好沟通，掌握一定的交流技巧。
（2）公正坦诚、乐于助人，学会与人相处。
（3）做事认真、细致，有自制力和自控力。
（4）有较强的团队协作精神和环境意识。</td></tr>
<tr><td>专业能力</td><td>（1）理解并掌握数据透视表的功能及应用场合。
（2）掌握用数据透视表工具对复杂数据进行相关分析。</td></tr>
<tr><td>教学环境</td><td colspan="4">为每位学生配备的计算机具备如下的软硬件环境。
软件环境：Windows XP，Excel 2007，公司相关数据表。
硬件环境：打印机（纸张）、投影屏幕、展示板。</td></tr>
</table>

教学单元设计实施方案架构

<table>
<tr><th>教学内容</th><th>教师行动</th><th>学生行动</th><th>组织方式</th><th>教学方法</th><th>资源与媒介</th><th>时间（分）</th></tr>
<tr><td rowspan="2">1. 任务提出</td><td>教师解释具体工作任务</td><td>接受工作任务</td><td rowspan="2">集中</td><td rowspan="2">引导文法</td><td rowspan="2">投影屏幕</td><td rowspan="2">20</td></tr>
<tr><td>提问：在现实生活中，如何从不同的角度分析处理事物</td><td>思考如何从不同的角度分析处理事物</td></tr>
<tr><td rowspan="4">2. 知识讲授与操作演示</td><td>教师讲解数据透视表的相关知识，使学生认识数据透视表</td><td>认识了解数据透视表</td><td rowspan="4">集中</td><td rowspan="4">讲授</td><td rowspan="4">投影屏幕</td><td rowspan="4">40</td></tr>
<tr><td>演示数据透视表</td><td>思考数据透视表是如何创建的</td></tr>
<tr><td>演示创建数据透视表的具体操作</td><td>精神集中，仔细观察教师的演示操作</td></tr>
<tr><td>演示如何向数据透视表中添加字段</td><td>精神集中，仔细观察教师的演示操作</td></tr>
<tr><td rowspan="3">3. 学生讨论</td><td rowspan="3">巡视检查、记录
回答学生提问</td><td>探究其他创建数据透视表的方法</td><td>分组（2人一组，随机组合）</td><td>头脑风暴</td><td>计算机</td><td rowspan="3">40</td></tr>
<tr><td>掌握向数据透视表添加字段的方法以及如何改变字段汇总方式</td><td>分组（2人一组，随机组合）</td><td>头脑风暴</td><td>计算机</td></tr>
<tr><td>展示研究成果</td><td>分组（2人一组，随机组合）</td><td>可视化</td><td>海报纸展示板</td></tr>
<tr><td>4. 完成工作任务</td><td>巡视检查、记录</td><td>在指定的位置出现数据透视表</td><td>独立</td><td>自主学习</td><td>计算机</td><td>20</td></tr>
<tr><td rowspan="2">5. 总结评价与提高</td><td>根据先期观察记录，挑选出具有代表性的几个小组的最终成品，随机抽取学生对其进行初步点评</td><td>倾听点评</td><td>分组、集中</td><td>自主学习</td><td>计算机和投影屏幕</td><td rowspan="2">40</td></tr>
<tr><td>对任务完成情况进行总结（如快捷键等），拓展能力</td><td>倾听总结，对自己的整个工作任务的完成过程进行反思并书写总结报告</td><td>集中</td><td>讲授、归纳总结法</td><td>计算机和投影屏幕</td></tr>
</table>

教学单元设计实施方案细则

1．任务提出（20 分钟）
小王把处理好的反映公司各部门工资情况的数据图交给了领导，领导觉得很形象、很直观，特别能从中了解到数据的变化趋势，还夸奖小王办事细心、得力。领导又提出希望能了解各部门各员工的出勤情况，这么多的部门，不知道领导是要看哪些部门哪些员工的出勤情况，于是小王想到了数据透视表。 提问：在现实生活中，如何从各种不同的角度对数据进行分析处理并用表格的形式表示出来。
2．知识讲授与操作演示（40 分钟）
（1）教师讲授数据透视表的相关知识。 背景资料：选取数据源 打开“员工资料（分析）”工作簿，使工作表“员工出勤表”成为当前工作表。 用鼠标单击数据区域中的任意单元格即选取了数据源。 背景资料：创建数据透视表 ① 打开“插入”选项卡的功能区，单击“表”组中的“数据透视表”按钮，在下拉菜单中选择“数据透视表”命令，出现“创建数据透视表”对话框。 ② 单击“确定”按钮，此时，会在现有工作表中显示空的数据透视表。 背景资料：给数据透视表添加字段 在“选择要添加到报表的字段”区域中，分别用鼠标按住“员工编号”和“出勤类型”字段不放，拖动到“报表筛选”区域，拖动“月份”字段到“列标签”区域；分别用鼠标拖动“所属部门”、“姓名”字段到“行标签”区域，拖动“次数”字段到“数值”区域，与此同时在上面指定的存放位置出现数据透视表。 在拖动字段的过程中，如果出现目标位置有误，可以单击字段右边的下拉三角形按钮，选择下拉列表中的“删除字段”命令；也可以把该字段向区域外边拖放，两种方法均能删掉放错的字段。 在数据透视表中，可以单击各字段单元格内右边的下拉三角形按钮，来选择要显示的字段。 （2）教师演示选取数据源，只演示最基本的用鼠标单击数据区域中的任意单元格的方法。 提问：请随机组成小组（2 人一组），大家一起来探究有没有其他选取数据源的方式。 （3）教师全程演示创建数据透视表的过程。 教师在选择放置数据透视表的位置时，只选择“现有工作表”。放置在“新工作表”位置的操作由学生动手去实践，增强学生动手能力。 （4）教师演示给数据透视表添加字段的全过程，主要演示用鼠标拖动字段名到相应的区域。
3．学生讨论（40 分钟）
（1）学生随机每 3 人组成一个研究讨论小组，每组自行选出组长。由组长主持探究在拖动字段的过程中，如果出现目标位置有误，应该如何处理。 （2）学生以小组为单位展示自己小组的研究成果。 （3）教师在此过程中不讲授任何内容，完全由学生带着问题自己来完成探究过程，教师只充当咨询师的角色，并认真检查记录学生讨论的情况，便于考核学生。

4．完成工作任务（20 分钟）
学生利用小组探究掌握的方法，选取数据源，创建数据透视表，给数据透视表添加字段。 注：仔细观察学生在拖动字段的过程中，如果出现目标位置有误，是如何处理的，是否有拓展方式（如快捷键、右键菜单等）？
5．总结评价与提高（40 分钟）
总结评价 （1）教师依据学生讨论及完成工作过程中的行动记录，挑选出具有代表性的几个小组的工作成果，随机抽取几个学生对其进行点评，说出优点与不足之处。 教师总结：看看完成的数据透视表，体会如何从各种不同的角度对数据进行分析处理并用表格的形式表示。 （2）教师总结与学生总结相结合，对创建数据透视表的方式进行总结（如快捷键），以提高工作效率。 （3）学生对自己完成的工作进行总结与反思，主要写出自己在小组讨论与完成工作任务过程中的收获，并提交书面总结报告。 提高 拖动字段到相应区域时改变字段汇总方式（操作结果正确，并能操作讲解明白，酌情给予 3～5 分的加分）。

任务 8——打印设置

教学单元设计实施方案

<table>
<tr><td colspan="2">教学单元名称</td><td>打印设置</td><td>课时</td><td>4 学时</td></tr>
<tr><td colspan="2" rowspan="2">所属章节</td><td>第 5 章　电子表格处理软件应用（Excel 2007）</td><td rowspan="2">授课班级</td><td rowspan="2"></td></tr>
<tr><td>学习单元 5.4　电子表格的打印</td></tr>
<tr><td colspan="2">任务描述</td><td colspan="3">细心的小王发现，有些打印出来的表格不方便同事阅读或者很浪费纸张，长期下去会影响大家的工作效率，于是每次打印前小王都会用 Excel 2007 的打印设置功能对文件进行相关的打印设置。综合使用各项打印设置功能，如打印区域设置，打印标题设置等能有效完成打印任务。</td></tr>
<tr><td colspan="2">任务分析</td><td colspan="3">利用 Excel 2007 的打印设置功能，可设置和更改打印前的参数，直到所得的效果符合实际要求。通过对本任务的学习，要掌握常见的打印设置方法，并能按实际打印的需要进行打印设置。
本任务分为以下几个步骤进行：
● 设置打印区域；
● 设置页边距；
● 设置纸张方向；
● 设置纸张大小。
● 设置打印标题；
● 设置页眉/页脚；
● 保存打印设置；</td></tr>
<tr><td rowspan="3">教学目标</td><td>方法能力</td><td>（1）能够有效地获取、利用和传递信息。
（2）能够在工作中寻求发现问题和解决问题的途径。
（3）能够独立学习，不断获取新的知识和技能。
（4）能够对所完成工作的质量进行自我控制及正确评价。</td><td rowspan="3">考核方式</td><td rowspan="3">过程考核与终结考核
过程考核：小组设计成果（30%）、个人打印设置“员工信息表（格式）”成果（30%）
终结考核：总结反思报告（40%）</td></tr>
<tr><td>社会能力</td><td>（1）在工作中能够良好沟通，掌握一定的交流技巧。
（2）公正坦诚、乐于助人，学会与人相处。
（3）做事认真、细致，有自制力和自控力。
（4）有较强的团队协作精神和环境意识。</td></tr>
<tr><td>专业能力</td><td>（1）要熟练操作 Excel 2007 常见的打印设置，如打印区域设置，页眉/页脚设置等。
（2）能按实际打印的需要，灵活运用打印设置功能进行打印设置。</td></tr>
<tr><td>教学环境</td><td colspan="4">为每位学生配备的计算机具备如下的软硬件环境。
软件环境：Windows XP，Excel 2007，公司相关数据表。
硬件环境：打印机（纸张）、投影屏幕、海报纸、展示板。</td></tr>
</table>

教学单元设计实施方案架构

<table>
<tr><th>教学内容</th><th>教师行动</th><th>学生行动</th><th>组织方式</th><th>教学方法</th><th>资源与媒介</th><th>时间（分）</th></tr>
<tr><td rowspan="2">1. 任务提出</td><td>教师解释具体工作任务</td><td>接受工作任务</td><td rowspan="2">集中</td><td rowspan="2">引导文法</td><td rowspan="2">投影屏幕</td><td rowspan="2">20</td></tr>
<tr><td>提问：在日常学习工作中，大家做好Excel表格后有没有养成打印设置的习惯呢？有的话做了哪些操作，有什么作用</td><td>思考在日常学习工作中，做好的Excel表格在打印前进行了哪些操作，有什么作用</td></tr>
<tr><td rowspan="2">2. 知识讲授与操作演示</td><td>教师讲解Excel的打印设置功能，使学生对Excel的打印设置的作用有初步了解</td><td>思考如何使用各种打印设置功能</td><td rowspan="2">集中</td><td rowspan="2">讲授</td><td rowspan="2">投影屏幕</td><td rowspan="2">30</td></tr>
<tr><td>演示：对工作表“员工信息表（格式）”进行打印设置</td><td>掌握打印区域、页边距、纸张方向、纸张大小、打印标题、页眉/页脚的设置方法</td></tr>
<tr><td rowspan="4">3. 学生讨论</td><td rowspan="4">巡视检查、记录
回答学生提问</td><td>如果需要取消或者重新设置打印区域应该怎么操作</td><td>分组（4人一组，随机组合）</td><td>头脑风暴</td><td>计算机</td><td rowspan="4">30</td></tr>
<tr><td>探究“分隔符”和“背景”功能</td><td>分组（4人一组，随机组合）</td><td>头脑风暴</td><td>计算机</td></tr>
<tr><td>如何根据实际需要设置合适的纸张高度和纸张宽度</td><td>分组（4人一组，随机组合）</td><td>头脑风暴</td><td>计算机</td></tr>
<tr><td>展示研究成果</td><td>分组（4人一组，随机组合）</td><td>可视化</td><td>计算机、投影屏幕、海报纸、展示板</td></tr>
</table>

4. 完成工作任务	巡视检查、记录	打开“员工资料”工作簿，使工作表“员工信息表（格式）”成为当前工作表，按照要求对该表进行打印设置	独立	自主学习	计算机	40
5. 总结评价与提高	根据先期讨论结果，挑选出具有代表性的几个小组，对其进行初步点评	倾听点评	分组、集中	自主学习	计算机和投影屏幕	40
	对完成工作任务的过程进行总结（如打印标题、页眉/页脚）	倾听总结，对自己的整个工作任务的完成过程进行反思并书写总结报告	集中	讲授、归纳总结法	计算机和投影屏幕	

教学单元设计实施方案细则

1．任务提出（20 分钟）
教师提出具体的工作任务——细心的小王发现，有些打印的表格不方便同事阅读或者很浪费纸张，长期下去会影响大家的工作效率，于是每次打印前小王都会用 Excel 2007 的打印设置功能对文件进行相关的打印设置。我们将使用“员工信息表（格式）”工作表，利用“页面设置”组中的多个功能（如设置打印区域、页边距、纸张方向等）完成本项任务。 提问：在日常学习工作中，大家做好 Excel 表格后有没有养成打印设置的习惯呢？有的话做了哪些操作，有什么作用？
2．知识讲授与操作演示（30 分钟）
（1）教师讲解 Excel 的打印设置功能，使学生对 Excel 打印设置的作用有初步了解。 背景资料：设置 Excel 2007 的打印参数 ① 设置纸张参数。 ● 设置纸张大小：切换到“页面布局”菜单选项卡中，单击“页面设置”组中的“纸张大小”按钮，在随后出现的常用纸张列表中，选择一种纸张类型即可。 ● 设置纸张方向：切换到“页面布局”菜单选项卡中，单击“页面设置”组中的“纸张方向”按钮，在随后出现的纸张方向列表中，选择一种纸张方向即可。 ● 设置页边距：切换到“页面布局”菜单选项卡中，单击“页面设置”组中的“页边距”按钮，在随后出现的内置页边距列表汇总中，选择一种页边距即可。 以上参数的快速设置，只是利用其内置的参数方案进行的。如果要设置更复杂的页面参数，请按下述方法操作。 切换到“页面布局”菜单选项卡中，单击“页面设置”右下角的下拉按钮，打开“页面设置”对话框。在“页面”选项卡中，设置纸张大小和纸张方向等参数；在“页边距”选项卡中，设置页边距等参数。设置完成后，单击“确定”按钮返回即可。在“页边距”选项卡中，选中“居中方式”下面的“水平”或“垂直”选项，可以让宽度（高度）不足页宽（页高）的表格居中打印，以提高表格打印后的观感效果。 ② 设置打印参数。 ● 设置顶端标题行。 如果一份表格有多页，通常希望将标题行内容添加到后续工作表中。如果采取手动复制的做法，不仅操作麻烦，而且容易出现错误，同时会妨碍以后的表格编辑工作。其实，Excel 2007 设置了自动添加标题行（列）的功能。 切换到“页面布局”菜单选项卡中，单击“页面设置”组中的“打印标题”按钮，打开“页面设置”对话框，并定位到“工作表”选项卡中。单击“顶端标题行”右侧的折叠按钮，此时“页面设置”对话框缩小为一个浮动框。用鼠标选中作为标题行的行，单击浮动框右侧的展开按钮，返回“页面设置”对话框。单击“确定”按钮返回即可。 ● 设置页眉和页脚。 方法一：页面视图法。 单击工作表右下角的视图切换按钮中的“页面布局”按钮，切换到页面视图状态下，单击页眉、页脚编辑区，输入页眉和页脚字符即可。 方法二：对话框设置法。 使用内置页眉样式打开页面设置对话框，切换到“页眉/页脚”选项卡中，单击“页眉”（或"页脚”）右侧的下拉按钮，在随后出现的“页眉”（或“页脚”）样式列表中，选择一种样式，单击“确定”按钮返回即可。

● 自定义页眉（脚）

打开“页面设置”对话框，切换到“页眉/页脚”选项卡中，单击其中的“自定义页眉”（或“自定义页脚”）按钮，打开“页眉”（或“页脚”）对话框，选中页眉存放的区域（左、中、右），输入页眉（页脚）字符，或者利用上面的相关按钮，将文档的相关信息添加到页眉（页脚）中，单击“确定”按钮返回。退出“页面设置”对话框。

● 奇偶页页眉（脚）

这是 Excel 2007 的一项新增功能，可以分开设置奇、偶页的页眉（脚）。打开“页面设置”对话框，切换到“页眉/页脚”选项卡中，选中其中的“奇偶页不同”选项。单击“自定义页眉”（自定义页脚）按钮，打开“页眉”（页脚）对话框。分别设置“奇数页页眉”（奇数页页脚）和“偶数页页眉”（偶数页页脚）的参数后，单击“确定”按钮返回，退出“页面设置”对话框。

（2）演示：对工作表“员工信息表（格式）”进行打印设置，包括打印区域、页边距、纸张方向、纸张大小、打印标题、页眉/页脚的设置。

3．学生讨论（30 分钟）

（1）学生随机每 4 人组成一个研究讨论小组，每组自行选出组长。由组长主持讨论“分隔符”和“背景”功能，取消或者重新设置打印区域的操作方法，以及如何根据实际需要设置合适的纸张高度和纸张宽度的方法。

（2）学生以小组为单位，用海报纸和多媒体投影设备展示本组研究结果。

（3）教师在此过程中不讲授任何内容，完全由学生带着问题自己来完成讨论过程，教师只充当咨询师的角色，并认真检查记录学生讨论的情况，便于考核学生。

4．完成工作任务（40 分钟）

打开“员工资料”工作簿，使工作表“员工信息表（格式）”成为当前工作表，按照要求对该表进行打印设置。

注：仔细观察学生操作的方式，是否有拓展方式（如快捷键、右键菜单等）。

5．总结评价与提高（40 分钟）

总结评价

（1）根据先期讨论结果，挑选出具有代表性的几个小组，对其进行初步点评。

教师总结：在实际工作中，经常会遇到数据繁多的表格，造成表格过长，这时可以结合纸张大小恰当地插入分页符，达到方便阅读打印文件的目的。而通过背景功能可以插入自己喜爱的图片作为表格背景，在单调枯燥的表格设置操作中会给我们带来轻松的感觉。

我们接触的工作表中的数据表格往往有多页，打印时需要多张纸，通过“设置”打印标题，可使打印的每张纸都有标题，从而避免第一张有标题，后面几张纸只有表格内容，没有标题的尴尬局面。

（2）对完成工作任务的过程进行总结（如密码保护，取消隐藏等）。

教师总结：页眉/页脚功能常用于打印文档，可以通过自定义页眉/页脚，使页眉/页脚变为页码、日期、公司徽标、文档标题、文件名或作者名等文字或图形，这些信息通常打印在文档中每页的顶部或底部。页眉打印在上页边距中，而页脚打印在下页边距中。

（3）学生对自己完成的工作进行总结与反思，主要写出自己在小组讨论与完成工作任务过程中的收获，并提交书面总结报告。

提高

同时设置多个工作表（回答正确，并能操作讲解明白，酌情给予 3～5 分的加分）。

任务 9——打印及预览

教学单元设计实施方案

<table>
<tr><td colspan="2">教学单元名称</td><td>打印及预览</td><td colspan="2">课时</td><td>2 学时</td></tr>
<tr><td colspan="2" rowspan="2">所属章节</td><td>第 5 章　电子表格处理软件应用 Excel 2007</td><td colspan="2" rowspan="2">授课班级</td><td rowspan="2"></td></tr>
<tr><td>学习单元 5.4　电子表格的打印</td></tr>
<tr><td colspan="2">任务描述</td><td colspan="4">为了达到最佳打印效果而又不浪费纸张，小王已经对文件进行了相关的打印设置，但有时还是有疏漏之处。为了保险起见，小王在打印前用了软件提供的打印预览观察到实际打印效果，看看有没有什么问题，确定无误后再打印。</td></tr>
<tr><td colspan="2">任务分析</td><td colspan="4">打印通常是 Excel 表格编辑的最后一项工作，在实际工作中，我们的打印任务往往不是那么简单轻松的。本任务分为以下几个步骤进行：
● 设置打印范围；
● 设置打印内容；
● 设置打印份数；
● 打印预览；
● 执行打印。</td></tr>
<tr><td rowspan="3">教学目标</td><td>方法能力</td><td>（1）能够有效地获取、利用和传递信息。
（2）能够在工作中寻求发现问题和解决问题的途径。
（3）能够独立学习，不断获取新的知识和技能。
（4）能够对所完成工作的质量进行自我控制及正确评价。</td><td rowspan="3">考核方式</td><td colspan="2" rowspan="3">过程考核与终结考核
过程考核：小组设计成果（30%）、个人完成打印预览成果（30%）
终结考核：总结反思报告（40%）</td></tr>
<tr><td>社会能力</td><td>（1）在工作中能够良好沟通，掌握一定的交流技巧。
（2）公正坦诚、乐于助人，学会与人相处。
（3）做事认真、细致，有自制力和自控力。
（4）有较强的团队协作精神和环境意识。</td></tr>
<tr><td>专业能力</td><td>（1）理解并掌握相关的打印设置。
（2）掌握用打印预览工具观察实际打印效果的方法，能准确无误地对文件进行打印。</td></tr>
<tr><td>教学环境</td><td colspan="5">为每位学生配备的计算机具备如下的软硬件环境。
软件环境：Windows XP，Excel 2007，公司相关数据表。
硬件环境：打印机（纸张）、投影屏幕、海报纸、展示板。</td></tr>
</table>

教学单元设计实施方案架构

教学内容	教师行动	学生行动	组织方式	教学方法	资源与媒介	时间（分）
1. 任务提出	教师解释具体工作任务	接受工作任务	集中	引导文法	投影屏幕	10
	提问：在现实生活中，在进行打印之前有没有进行打印预览，是如何操作的	思考：为了准确无误地打印文件，应如何对文件进行打印预览				
2. 知识讲授与操作演示	教师讲解打印预览的作用	了解打印预览在打印之前的重要性	集中	讲授	投影屏幕	20
	演示设置打印范围及打印内容	精神集中，仔细观察教师的演示操作				
	演示设置打印份数	精神集中，仔细观察教师的演示操作				
	演示打印前预览效果并打印	精神集中，仔细观察教师的演示操作				
3. 学生讨论	巡视检查、记录 回答学生提问	讨论其他打印预览的方法	分组（2 人一组，随机组合）	头脑风暴	计算机	20
		掌握打印预览的操作方法	分组（2 人一组，随机组合）	头脑风暴	计算机	
		展示研究成果	分组（2 人一组，随机组合）	可视化	海报纸和展示板	
4. 完成工作任务	巡视检查、记录	通过预览观察到实际打印效果	独立	自主学习	计算机	10
5. 总结评价与提高	根据先期观察记录，挑选出具有代表性的几个小组的最终成品，随机抽取学生对其进行初步点评	倾听点评	分组、集中	自主学习	计算机和投影屏幕	20
	对任务完成情况进行总结（如快捷键等），拓展能力	倾听总结，对自己的整个工作任务的完成过程进行反思并书写总结报告	集中	讲授、归纳总结法	计算机和投影屏幕	

教学单元设计实施方案细则

1．任务提出（10 分钟）
为了达到最佳打印效果而又不浪费纸张，小王已经对文件进行了相关的打印设置，但有时还是有疏漏之处。为了保险起见，小王在打印前用了软件提供的打印预览观察到实际打印效果，看看有没有什么问题，确定无误后再打印。 提问：在现实生活中，对打印预览及相关设置了解多少？
2．知识讲授与操作演示（20 分钟）
（1）教师讲授打印预览的相关知识。 背景资料：打印范围 打开“任务 1”中设置好打印参数的“员工资料”工作簿，使工作表“员工信息表（格式）”成为当前工作表，单击“Office”按钮，选择“打印”命令，在弹出的下拉菜单中选择“打印”命令，出现“打印内容”对话框。本任务的打印设置工作主要在该对话框中完成。 因为计划打印的内容没有超过一页，所以选择打印范围为默认的“全部”范围。 背景资料：打印内容 在任务 1 中已经选中区域 A4:G10，因此选择打印内容为“选定区域”。 背景资料：打印份数 将打印份数由默认的“1”调为“2”，打印两份，预留一份作为备用资料。 背景资料：打印预览 单击“预览”按钮预览(W)，打开打印预览窗口。 背景资料：执行打印 通常有两种方法：其一，在“打印预览”窗口中单击“打印”按钮；其二，在“打印内容”对话框中单击“确定”按钮确定。 （2）教师演示设置打印范围，只演示最基本的用鼠标单击选项的方法。 提问：请随机组成小组（2 人一组），大家一起来讨论有没有其他设置打印范围的方法。 （3）教师全程演示设置打印内容的过程。 教师在设置打印内容时，只选择“活动工作表”。其他选项由学生动手去实践，增强学生动手能力。 （4）教师演示设置打印份数的过程，主要演示用鼠标单击微调的方法。 （5）教师演示打印预览的方法，只是在紧接上步的操作窗口内设置。 提问：除了在这个窗口中可以预览效果外，还有没有其他方法可以预览打印效果？ （6）教师演示执行打印的方法。
3．学生讨论（20 分钟）
（1）学生随机每 3 人组成一个研究讨论小组，每组自行选出组长。由组长主持讨论在设置打印预览时有没有其他的方法更能提高效率。 （2）学生以小组为单位展示自己小组的研究成果。 （3）教师在此过程中不讲授任何内容，完全由学生带着问题自己来完成讨论过程，教师只充当咨询师的角色，并认真检查记录学生讨论的情况，以便考核学生。
4．完成工作任务（10 分钟）
学生利用小组讨论掌握的方法，首先设置打印范围、打印内容、打印份数，再进行打印预览，检查有没有错误，最后执行打印。 注：仔细观察在设置的过程中，如果出现打印若干页中的某一页时，学生是如何处理的，是否有拓展方式（如快捷键、右键菜单、其他方法等）。

5．总结评价与提高（20 分钟）
总结评价 （1）教师依据学生讨论及完成工作过程中的行动记录，挑选出具有代表性的几个小组的工作成果，随机抽取几个学生对其进行点评，说出优点与不足之处。 教师总结：看看完成的打印效果，体会如何才能准确无误地打印出文件。 （2）教师总结与学生总结相结合，对打印预览进行总结（如快捷键），提高工作效率。 （3）学生对自己完成的工作进行总结与反思，主要写出自己在小组讨论与完成工作任务过程中的收获，并提交书面总结报告。 提高 在实际应用中，常常需要进行双面打印，要求学生自己动手去设置（操作结果正确，并能操作讲解明白，又能节约纸张的酌情给予 3～5 分的加分）。

第 6 章　多媒体软件的应用

任务 1——多媒体技术
任务 2——图像处理
任务 3——音频视频处理

任务 1——认识多媒体技术

教学单元设计实施方案

<table>
<tr><td colspan="2">教学单元名称</td><td>认识多媒体技术</td><td>课时</td><td>3 学时</td></tr>
<tr><td colspan="2" rowspan="2">所属章节</td><td>第 6 章　多媒体软件的应用</td><td rowspan="2">授课班级</td><td rowspan="2"></td></tr>
<tr><td>学习单元 6.1　多媒体技术</td></tr>
<tr><td colspan="2">任务描述</td><td colspan="3">王小红为了制作多媒体作品，先要搞懂计算机多媒体有哪些内容，即人们通常说的多媒体素材，然后试用一些常用的多媒体软件，体验声音、图像的美好视听享受。</td></tr>
<tr><td colspan="2">任务分析</td><td colspan="3">使用一台预装有 Windows XP 操作系统并已连入 Internet 的计算机，熟悉多媒体元素，掌握常用多媒体软件的基本操作。完成本任务主要有以下操作：
● 浏览多媒体网站；
● 浏览图像；
● 播放音乐。</td></tr>
<tr><td rowspan="3">教学目标</td><td>方法能力</td><td>（1）能够有效地浏览图片和播放声音。
（2）能够在工作中寻求发现问题和解决问题的途径。
（3）能够独立学习，不断获取新的知识和技能。
（4）能够对所完成工作的质量进行自我控制及正确评价。</td><td rowspan="3">考核方式</td><td rowspan="3">过程考核与终结考核
过程考核：小组设计成果（30%）、个人完成设置桌面背景成果（30%）
终结考核：总结反思报告（40%）</td></tr>
<tr><td>社会能力</td><td>（1）在工作中能够良好沟通，掌握一定的交流技巧。
（2）公正坦诚、乐于助人，学会与人相处。
（3）做事认真、细致，有自制力和自控力。
（4）有较强的团队协作精神和环境意识。</td></tr>
<tr><td>专业能力</td><td>（1）能够通过 Internet 收集多媒体素材。
（2）能够浏览多媒体素材文件。
（3）能够利用计算机采集多媒体素材。</td></tr>
<tr><td>教学环境</td><td colspan="4">为每位学生配备的计算机具备如下的软硬件环境。
软件环境：Windows XP、Flash Player、CorelDRAW、QuickTime Player、RealPlayer。
硬件环境：已正确连入 Internet 网络环境、小音箱或耳机、投影屏幕、展示板。</td></tr>
</table>

教学单元设计实施方案架构

教学内容	教师行动	学生行动	组织方式	教学方法	资源与媒介	时间（分）
1. 任务提出	教师解释工作任务	与老师讨论工作任务	集中	引导文法	投影屏幕	10
	提问：当前多媒体技术在信息传播中给人们带来了全新的视听刺激和享受，大家平时对多媒体技术有哪些认识	回忆自己接触过的多媒体相关技术，思考什么是多媒体技术				
2. 知识讲授与操作演示	教师讲解多媒体技术的相关知识，使学生认识多媒体技术	了解多媒体技术中的5种媒体；文本、图形、图像、动画、音频和视频六大基本的多媒体元素；多媒体技术的发展历史；多媒体关键技术；多媒体技术的特点；多媒体计算机等知识	集中	讲授	投影屏幕	20
	演示浏览多媒体视频网站的方法	思考浏览多媒体视频网站的其他方式				
	演示使用“Windows图片和传真查看器”浏览图片素材	精神集中，仔细观察教师的演示操作				
	演示使用“Windows Media Player”播放声音文件	精神集中，仔细观察教师的演示操作				
3. 学生讨论	巡视检查、记录回答学生提问	浏览多媒体视频网站	分组（2人一组，随机组合）	头脑风暴	计算机	30
		使用“Windows图片和传真查看器”浏览图片素材、使用“Windows Media Player”播放声音文件	分组（2人一组，随机组合）	头脑风暴	计算机	
		展示研究成果	分组（2人一组，随机组合）	可视化	海报纸展示板	

4. 完成工作任务	巡视检查、记录	浏览多媒体视频网站，使用“Windows图片和传真查看器”浏览图片素材，使用“Windows Media Player”播放声音文件	独立	自主学习	计算机	40
5. 总结评价与提高	根据先期观察记录，挑选出具有代表性的几个小组的最终成品，随机抽取学生对其进行初步点评	倾听点评	分组、集中	自主学习	计算机和投影屏幕	20
	对任务完成情况进行总结，拓展能力	倾听总结，对自己的整个工作任务的完成过程进行反思并书写总结报告	集中	讲授、归纳总结法	计算机和投影屏幕	

教学单元设计实施方案细则

1. 任务提出（10 分钟）
教师提出具体的工作任务——王小红为了制作多媒体作品，先要搞懂计算机多媒体有哪些内容，即人们通常说的多媒体素材，然后试用一些常用的多媒体软件，体验声音、图像的美好视听享受。 使学生明确要使用多媒体软件浏览图像、声音等素材这样一个任务。 提问：当前多媒体技术在信息传播中给人们带来了全新的视听刺激和享受，大家平时对多媒体技术有哪些认识?
2. 知识讲授与操作演示（20 分钟）
（1）教师讲授多媒体技术的相关知识。 背景资料：媒体 媒体（Media）是指信息表示和传播的载体。在计算机领域，主要的媒体有如下 5 种。 ① 感觉媒体：直接作用于人的感官，使人能直接产生感觉的信息的载体称做感觉媒体。例如，人类的语言、播放的音乐、自然界的声音、运动或静止的图像等，计算机系统中的文件、数据和文字，也是感觉媒体。 ② 表示媒体：表示媒体是指各种编码，如汉字输入法编码、字符的字形编码、图像编码等。这是为了加工、处理和传播感觉媒体而人为地进行研究、构造出来的一种编码。 ③ 表现媒体：表现媒体是人与计算机之间的界面，一般指输入输出设备，如键盘、显示器、摄像机、打印机、话筒等。 ④ 存储媒体：存储媒体用来存放表示媒体，是存储信息的实体。例如，内存储器、软磁盘、硬磁盘、磁带和光盘等。 ⑤ 传输媒体：传输媒体是用来将媒体从一处传送到另一处的物理载体，如双绞线、同轴电缆、光纤等。 背景资料：多媒体 多媒体（Multimedia）是文本、图形、图像、动画、音频和视频等多种媒体有机结合的人机交互式信息媒体。在多媒体领域，文本、图形、图像、动画、音频和视频称为构成多媒体的六大基本要素。 ① 文本：是指屏幕上显示的字符、数字等文字类信息。 ② 图形：是指屏幕上显示的几何图形。 ③ 图像：是指由扫描仪等输入设备获得的静止画面。 ④ 动画：是指按一定顺序播放静止画面，在屏幕上产生变化的动态画面。 ⑤ 音频：是指数字化录音和数字回放的声音。 ⑥ 视频：是指数字化摄制和播放的电视图像之类的活动图像。 背景资料：多媒体技术 多媒体技术是对多种媒体进行综合的技术。多媒体技术把文字、声音、图像、动画等多种媒体有机地组合起来，利用计算机、通信和广播电视技术，将它们建立起逻辑联系，并进行加工处理。 1984 年，Apple 公司在 Macintoch 计算机中引入了位图（Bitmap）的概念，并使用图标（Icon）作为与用户的接口。在此基础上，Macintoch 计算机进一步发展成能处理多种媒体信息的计算机，从而成为唯一能和 IBM PC 分庭抗礼的微型机。 1986 年 3 月，Philips 和 Sony 联合推出了交互式紧凑光盘系统 CD-I（Compact Disc Interactive)。该系统把多种媒体信息以数字化的形式存储在容量为 650MB 的只读光盘上，用户可以通过交互的方式来播放光盘的内容。

1990 年 11 月，Microsoft、Philips 等 14 家厂商组成多媒体市场协会，为多媒体技术的发展建立相应的标准，并在 1991 年第六届国际多媒体和 CD-ROM 大会上宣布了多媒体计算机的第一个标准。

随后，多媒体的关键技术标准——数据压缩标准也相继制定。多媒体各种标准的制定和应用，极大地推动了多媒体产业的发展，涉及多媒体领域的各种软件大量涌现。

背景资料：多媒体技术的特点

多媒体技术的特点主要表现在信息的数字化、信息的多样性、媒体的集成性和系统的交互性上。

① 数字化：多媒体技术的数字化是指必须将文本、图形、图像、声音、音频和视频等媒体进行数字化编码，便于计算机进行处理，并且这些数据编码具有不同的压缩方法和标准。

② 多样性：在多媒体技术中，计算机所处理的信息不再局限于数值和文本，强调计算机与声音、图像和动画等多种媒体相结合，以满足人们感官对多媒体信息的需求。这在计算机辅助教学、产品广告、动画片制作等领域有很好的应用。

③ 集成性：多媒体技术不仅要对多种信息进行处理，而且要把它们有机地结合起来。突出的例子是动画制作，要将计算机产生的图形、动画和摄像机摄制的视频图像相叠加，再和文字、声音混合在一起播放。

④ 交互性：交互是指计算机与使用者之间实现信息的双向交流。多媒体技术采用人机对话方式，对计算机中存储的各种信息进行查找、编辑和同步播放，使用者可以用鼠标或菜单选择自己感兴趣的内容。交互性为用户提供了更加有效的控制和使用信息的手段和方法，这在计算机辅助教学、模拟训练、虚拟现实等方面有着巨大的应用前景。

背景资料：多媒体关键技术

① 数据压缩技术。

视频信号和音频信号数字化后的数据量大得惊人，如果不经过数据压缩，将占用大量的存储空间。以视频信号为例，视频每秒连续播放 30 幅左右的图像，每幅图像称为一帧。一帧中等分辨率（640×480）真彩色（24 位/像素）视频图像约占 900KB 的空间，一张 650MB 的光盘，只能存放 24 秒的视频信号。所以一定要把数据压缩后存放，并且在播放时解压缩。

当前，静止图像通常采用 JPEG 静态图像压缩标准，视频图像通常采用 MPEG 动态视频压缩标准进行数据压缩。

② 专用芯片。

由于多媒体计算机要进行大量的数字信号处理、图像处理、压缩和解压缩等工作，需要使用专用数字信号处理芯片（DSP），这种芯片可以使用一条指令完成普通计算机上需要多条指令才能完成的工作。例如，数字信号处理器可以在 1/30 秒的时间内，对一幅 512×512 分辨率的图像的每个像素做一次运算。超大规模集成电路制造技术降低了数字信号处理芯片的生产成本，为多媒体技术的应用普及创造了条件。

③ 大容量存储器。

经过压缩的数字化的媒体信息仍然包含大量的数据，因此高效快速的存储设备是多媒体系统的基本部件之一。目前，CD-ROM 是主要的大容量存储器，DVD 和 CD-RW 的价格也已经逐渐被广大用户所接受。

④ 多媒体网络通信技术。

20 世纪 90 年代以来，计算机系统以网络技术为中心得到了迅速的发展，要充分发挥多媒体技术，还必须与网络技术、通信技术相结合。单用户计算机如果不借助网络，将无法获得更加丰富的、实时的多媒体信息。在可视电话、电视会议、视频点播、远程教育等领域，现代网络通信技术为多媒体技术的发展提供了有力的保障。多媒体技术和网络技术、通信技术的结合突破了计算机、通信、电子等传统领域的行业界限，把计算机的交互性、通信网络的分布性和多媒体技术的综合性融为一体，提供了全新的信息服务，从而对人类的生活和工作方式产生了深远的影响。

⑤ 流媒体技术。

流媒体技术不需要等待下载完整的文件，即可通过网络传递音频和视频数据文件。单击某个 Internet 链接打开流媒体文件时，该文件将按百分比下载并存储在缓冲区内，然后开始播放。随着文件信息的流入，播放器在播放之前不断地将信息存储在缓冲区中。这时如果网络信息中断，暂时不会使文件在播放时停顿。但是当缓冲区中数据用尽，播放就会停止。播放器在对信息进行缓冲区处理时将会发出提示，所有的流媒体文件在播放前都要经过缓冲区处理。

背景资料：多媒体计算机

具有多媒体功能的计算机称为多媒体计算机，英文简写 MPC。按照国际多媒体市场协会的标准，多媒体计算机包含 5 个基本单元：普通个人计算机、CD-ROM 驱动器、音频卡、多媒体操作系统和音箱（或耳机）。

多媒体计算机系统由多媒体硬件系统和多媒体软件系统两部分组成。

多媒体硬件系统主要包括以下几个部分。

① 多媒体主机：如个人计算机、工作站等。

② 多媒体输入设备：如扫描仪、摄像机、录音机、视盘机等。

③ 多媒体输出设备：如打印机、高分辨率显示器、音箱、电视机等。

④ 多媒体存储设备：如硬盘、光盘等。

⑤ 多媒体功能卡：如声卡、视频卡、通信卡、解压卡等。

⑥ 多媒体操纵设备：如鼠标、键盘、操纵杆等。

多媒体操作系统是多媒体软件的基础，微机上多媒体操作系统主要是微软 Windows 系列的操作系统。多媒体制作软件为多媒体用户开发多媒体应用系统而设计，具有编辑功能和播放功能。多媒体应用软件直接面向普通用户，交互性的操作界面深受人们欢迎。

下表是常用的多媒体软件。

常用多媒体软件

图形图像处理软件	Photoshop、CorelDraw
图像浏览软件	ACDSee、Google Picasa
音频播放软件	Windows Media Player、Winamp、千千静听、酷狗
视频播放软件	Windows Media Player、RealPlayer、QuickTime Player、暴风影音
动画制作软件	Ulead GIF Animator、Flash、3ds Max
音频编辑软件	Adobe Audition、GoldWave
视频编辑软件	Windows Movie Maker、Adobe Premiere、 Ulead Media Studio、Ulead VideoStudio Plus（会声会影）
多媒体著作软件	Authorware、Director

多媒体技术的应用已遍及社会生活的各个领域，如多媒体教学、可视电话、视频点播、虚拟现实、多媒体数字图书馆、多媒体电子出版物、多媒体查询系统、娱乐等。

（2）教师演示浏览多媒体视频网站的方法，让学生辨认多媒体元素，理解 5 种媒体。

提问：请随机组成小组（两人一组），大家一起来讨论还有没有其他视频网站，在视频网站里还没有出现的多媒体元素可以在哪里找到。

（3）教师演示使用“Windows 图片和传真查看器”浏览图片素材的方法，素材使用Windows XP 自带的图片，在“我的文档”→“图片收藏”→“示例图片”文件夹中。

教师还可以提供学生较为感兴趣的一些图片（可以是游戏、动漫等主题的图片）。在演示后，通过网络教室传送到学生计算机中，让学生自行浏览。增强学生动手设置的兴趣。

（4）教师全程演示使用“Windows Media Player”播放声音文件的过程。

教师还可以提供学生较为感兴趣的一些音乐文件（可以是流行歌曲、DJ 歌曲等 MP3 文件）。在演示后，通过网络教室传送到学生计算机中，让学生自行播放。增强学生动手设置的兴趣。

3．学生讨论（30 分钟）

（1）学生随机每 3 人组成一个研究讨论小组，每组自行选出组长。由组长主持讨论浏览多媒体视频网站、使用“Windows 图片和传真查看器”浏览图片素材、使用“Windows Media Player”播放声音文件。

（2）学生以小组为单位展示自己小组的研究成果。

（3）教师在此过程中不讲授任何内容，完全由学生带着问题自己来完成讨论过程，教师只充当咨询师的角色，并认真检查记录学生讨论的情况，便于考核学生。

4．完成工作任务（40 分钟）

学生利用小组讨论掌握的方法，浏览多媒体视频网站，使用“Windows 图片和传真查看器”浏览图片素材，使用“Windows Media Player”播放声音文件。

注：仔细观察学生能不能独立完成操作，是否有拓展方式。

5．总结评价与提高（20 分钟）

总结评价

（1）教师依据学生讨论及完成工作过程中的行动记录，挑选出具有代表性的几个小组的工作成果，随机抽取几个学生对其进行点评，说出优点与不足之处。

教师总结：体会多媒体网站中的多媒体元素的区别；使用“Windows 图片和传真查看器”浏览图片素材可以有多种方式；使用“Windows Media Player”播放声音文件。

（2）教师总结与学生总结相结合，对“Windows 图片和传真查看器”、“Windows Media Player”两个软件的常用操作进行简单的总结介绍。

（3）学生对自己完成的工作进行总结与反思，主要写出自己在小组讨论与完成工作任务过程中的收获，并提交书面总结报告。

提高

浏览图片网站，下载图片到本地磁盘，并能浏览（回答正确，并能操作讲解明白，酌情给予 3～5 分的加分）。

任务2——使用多媒体文件

教学单元设计实施方案

<table>
<tr><td colspan="2">教学单元名称</td><td>使用多媒体文件</td><td>课时</td><td>3学时</td></tr>
<tr><td colspan="2" rowspan="2">所属章节</td><td>第6章　多媒体软件的应用</td><td rowspan="2">授课班级</td><td rowspan="2"></td></tr>
<tr><td>学习单元6.1　多媒体技术</td></tr>
<tr><td colspan="2">任务描述</td><td colspan="3">王小红已经初步接触了计算机多媒体技术，能够浏览图片、播放声音。现在她想学习更多的多媒体技术，要能够播放动画和视频，能够自己采集图像素材和录制声音，为她接下来的多媒体作品的创作做好准备。</td></tr>
<tr><td colspan="2">任务分析</td><td colspan="3">了解常见多媒体文件格式，通过浏览动画和播放视频，了解多媒体文件格式，掌握浏览多媒体文件的方法，并通过截取屏幕抓图和简单的录音操作，掌握图像、声音等多媒体素材的采集方法。本任务分为以下几个步骤进行：
● 截取屏幕；
● 浏览动画；
● 录制声音；
● 播放视频。</td></tr>
<tr><td rowspan="3">教学目标</td><td>方法能力</td><td>（1）能够有效地播放动画和视频、掌握抓图和录音的简单技术。
（2）能够在工作中寻求发现问题和解决问题的途径。
（3）能够独立学习，不断获取新的知识和技能。
（4）能够对所完成工作的质量进行自我控制及正确评价。</td><td rowspan="3">考核方式</td><td rowspan="3">过程考核与终结考核
过程考核：小组设计成果（30%）、个人完成整理文件工作成果（30%）
终结考核：总结反思报告（40%）</td></tr>
<tr><td>社会能力</td><td>（1）在工作中能够良好沟通，掌握一定的交流技巧。
（2）公正坦诚、乐于助人，学会与人相处。
（3）做事认真、细致，有自制力和自控力。
（4）有较强的团队协作精神和环境意识。</td></tr>
<tr><td>专业能力</td><td>（1）能够通过多种方式截取屏幕。
（2）能够使用Flash Player播放Flash动画。
（3）能够使用Windows XP操作系统自带的“录音机”软件录制声音，并对声音进行简单的处理。
（4）能够使用 Windows XP 操作系统自带“Windows Media Player”软件播放视频。</td></tr>
<tr><td>教学环境</td><td colspan="4">为每位学生配备的计算机具备如下的软硬件环境。
软件环境：Windows XP、Flash Player、CorelDRAW、QuickTime Player、RealPlayer。
硬件环境：已正确连入Internet网络环境、话筒、小音箱或耳机、投影屏幕。</td></tr>
</table>

教学单元设计实施方案架构

<table>
<tr><th>教学内容</th><th>教师行动</th><th>学生行动</th><th>组织方式</th><th>教学方法</th><th>资源与媒介</th><th>时间（分）</th></tr>
<tr><td rowspan="2">1. 任务提出</td><td>教师解释工作任务</td><td>与老师讨论工作任务</td><td rowspan="2">集中</td><td rowspan="2">引导文法</td><td rowspan="2">投影屏幕</td><td rowspan="2">10</td></tr>
<tr><td>提问：在使用计算机的过程中，经常会需要将屏幕上的内容保留下来，键盘上有一个按键可以实现这个功能，是哪个呢</td><td>在键盘上寻找抓屏按键，仔细认读按键上的英文</td></tr>
<tr><td rowspan="4">2. 知识讲授与操作演示</td><td>教师演示屏幕抓图操作</td><td>观察学习</td><td rowspan="4">集中</td><td rowspan="4">讲授</td><td rowspan="4">投影屏幕、网络教室</td><td rowspan="4">20</td></tr>
<tr><td>教师演示使用 Flash Player 播放 Flash 动画</td><td>观察学习</td></tr>
<tr><td>教师演示录制声音</td><td>观察学习，准备自己录音时的内容</td></tr>
<tr><td>教师演示播放视频</td><td>观察学习</td></tr>
<tr><td rowspan="5">3. 学生讨论</td><td rowspan="5">巡视检查、记录
回答学生提问</td><td>讨论屏幕抓图的不同方式</td><td rowspan="5">分组（4人一组，随机组合）</td><td rowspan="4">头脑风暴</td><td rowspan="4">计算机</td><td rowspan="5">30</td></tr>
<tr><td>练习播放Flash动画的操作</td></tr>
<tr><td>掌握录制声音的技能</td></tr>
<tr><td>练习播放视频的操作</td></tr>
<tr><td>总结出学习心得，使用海报纸展示小组设计成果</td><td>可视化</td><td>计算机、网络教室</td></tr>
<tr><td>4. 完成工作任务</td><td>巡视检查、记录</td><td>利用观察学习和小组究学习的心得，练习和掌握屏幕抓图、播放动画、录制声音和播放视频4种操作的方法</td><td>独立</td><td>自主学习</td><td>计算机</td><td>40</td></tr>
<tr><td rowspan="2">5. 总结评价与提高</td><td>根据先期观察记录，挑选出具有代表性的几个小组的学生的最终作品，机抽取学生对其进行初步点评</td><td>倾听点评</td><td>分组、集中</td><td>自主学习</td><td>计算机、投影屏幕、网络教室</td><td rowspan="2">20</td></tr>
<tr><td>总结屏幕抓图、播放动画、录制声音和播放视频的4种操作</td><td>倾听总结，对自己的整个工作任务的完成过程进行反思并书写总结报告</td><td>集中</td><td>讲授、归纳总结法</td><td>计算机和投影屏幕</td></tr>
</table>

教学单元设计实施方案细则

1．任务提出（10分钟）

教师提出具体的工作任务——王小红已经初步接触了计算机多媒体技术，能够浏览图片、播放声音。现在她想学习更多的多媒体技术，要能够播放动画和视频，能够自己采集图像素材和录制声音，为她接下来的多媒体作品的创作做好准备。

提问：在使用计算机的过程中，经常会需要将屏幕上的内容保留下来，键盘上有一个按键可以实现这个功能，是哪个呢？

2．知识讲授与操作演示（20分钟）

（1）教师演示截取屏幕操作。

背景资料：截取屏幕

在使用计算机的过程中，经常会需要将屏幕上的内容保留下来，如操作系统的窗口显示，或浏览器显示的网络内容，或某一应用软件的显示内容，甚至整个屏幕中所有的内容，然后以图像文件的形式保存在计算机中，这种操作叫做截取屏幕，通俗的叫法称为“抓图”。

下面以截取“我的电脑”窗口为例，学习截取屏幕的操作。

① 单击桌面上的“我的电脑”。

② 按【Alt+Print Screen】组合键。

按【Alt+Print Screen】组合键的操作是先按住【Alt】键不放，然后再按【Print Screen】键。【Print Screen】键在标准键盘上的位置是在上面第一排的【F12】键的右边，【Insert】键的上边。

注意，这里按【Alt+Print Screen】组合键的作用是截取当前窗口，作为图像放入Windows操作系统的剪贴板中；如果仅按【Print Screen】键，将是截取当前整个屏幕的内容。

③ 单击运行“画图”软件。

运行“画图”软件的方法是，单击“开始”→“所有程序”→“附件”→“画图”。

④ 在“画图”软件中进行“粘贴”。

这时候的粘贴是将Windows操作系统剪贴板中的内容放到画图软件的工作区里。

⑤ 单击保存图像文件。

在“画图”软件中，单击“文件”菜单，然后单击“保存”。在“保存为”对话框中，选择保存的位置、文件名和文件类型，最后单击“保存”按钮。

（2）教师演示播放Flash动画。

背景资料：Flash播放插件

使用IE浏览器播放Flash动画，操作系统需要安装有Flash播放插件。如果计算机初次安装Flash软件，那么Flash安装系统会提示是否安装Flash Player；如果计算机没有Flash Player，那么第一次上网时，浏览器会提示是否从网络上下载并安装Flash播放插件。

（3）教师演示录制声音。

背景资料：“录音机”软件

“录音机”是微软Windows操作系统所带的一个娱乐小工具，已有十几年的历史。

单击“开始”按钮→“所有程序”→“附件”→“娱乐”→“录音机”，即可打开录音机软件。

要录音，计算机必须安装麦克风。确认麦克风与计算机连接正确并已经打开开关，然后单击●开始录制声音。需要注意的是，这款Windows系统自带的录音软件默认最长可录制60秒的声音。

“录音机”软件还没有开始录音时，[●]按钮左侧的 4 个按钮显示为灰色。当开始录音时，单击[■]按钮结束录音。

声音录制完毕，或通过文件菜单打开声音文件时，单击[▶]按钮开始播放声音，这时软件界面中间的声音显示区会根据声音的高低出现音波。

如果需要将录制的声音保存在计算机中，单击“文件”菜单，然后单击“保存”命令。在“另存为”对话框中，选择保存的位置和保存的文件名，最后单击“保存”按钮即可。

（4）教师演示播放视频。

背景资料：多媒体文件

多媒体文件包括文本文件、图形图像文件、动画文件、视频文件和声音文件等，下表是一些常见的多媒体文件格式。

常见的多媒体文件格式

多媒体类别	文件格式
文档文件	TXT（文本文件）、DOC、WPS 等
图形图像文件	BMP、JPG、GIF、PNG、CDR 等
动画文件	GIF（动画）、FLC、SWF 等
音频文件	WAV、MP3、RA、WMA、MID 等
视频文件	AVI、MPG/MPEG、RM、ASF、RMVB、WMV、MOV 等

背景资料：文档文件

① TXT 格式。

TXT 格式是 Windows 操作系统中最基本的文本文件格式，一般的文字编辑软件都支持它。使用最简单的编辑软件是 Windows 操作系统自带的“记事本”编辑器。

② DOC 格式。

DOC 格式是目前市场占有率最高的办公套件 Microsoft Office 中的文字处理软件 Word 创建的文档格式。

③ WPS 格式。

WPS 格式是金山办公套件中的文字处理软件 WPS 创建的文本文件格式，可以使用 WPS Office 等软件编辑。

背景资料：图形图像文件

计算机中显示的图形图像一般可以分为两大类——矢量图和位图。图形图像文件是图形文件和图像文件的合称。

图像文件又称为位图图像（bitmap）、点阵图像，是由称为作像素的单个点组成的。这些点可以进行不同的排列和染色以构成图样。当放大位图时，可以看见赖以构成整个图像的无数个单个的方块。

图形文件又称为矢量图形文件，矢量图使用直线和曲线来描述图形，这些图形的元素是一些点、线、矩形、多边形、圆和弧线等，它们都是通过数学公式计算获得的。例如，一幅花的矢量图形实际上是由线段形成外框轮廓，由外框的颜色以及外框所封闭的颜色决定花显示出的颜色。由于矢量图形可通过公式计算获得，所以矢量图形文件体积一般较小。矢量图形最大的优点是无论放大、缩小或旋转都不会失真。Adobe 公司的 Illustrator、Corel 公司的 CorelDRAW 是众多矢量图形设计软件中的佼佼者。

① BMP 格式。

BMP 格式是 Windows 和 OS/2 操作系统的基本位图（bitmap）格式，Windows 环境下运行的图形图像处理软件都支持这种格式。

BMP 文件格式有压缩和非压缩两种，一般情况下，为了获得较高的图像质量，对 bmp 文件是不进行压缩的。因此，bmp 文件所占磁盘空间较大。

② JPEG（JPG）格式。

JPEG 是静态图像压缩算法的国际标准，JPG 图像文件具有迄今为止最为复杂的文件结构和编码方式。与其他格式的最大区别是 JPG 使用一种有损压缩算法，是以牺牲一部分的图像数据来达到较高的压缩率，但是这种损失很小以至于很难察觉，印刷时不宜使用此格式。

③ GIF 文件。

GIF 格式是一种高压缩比的彩色图像文件格式，主要用于图像文件的网络传输。GIF 格式的图像文件是世界通用的图像格式，是一种压缩的 8 位图像文件。正因为它是经过压缩的，而且又是 8 位的，所以这种格式是网络传输和 BBS 用户使用得最频繁的文件格式，速度要比传输其他格式的图像文件快得多。

④ PNG 文件。

PNG（Portable Network Graphics）的原名称为“可移植性网络图像”，是网上接受的最新图像文件格式。PNG 能够提供长度比 GIF 小 30%的无损压缩图像文件。它同时提供 24 位和 48 位真彩色图像支持以及其他诸多技术性支持。由于 PNG 非常新，所以目前并不是所有的程序都可以用它来存储图像文件，但 Photoshop 可以处理 PNG 图像文件，也可以用 PNG 图像文件格式存储。

⑤ CDR 格式。

CDR 格式文件是一种矢量图形文件，是加拿大的 Corel 公司开发的 CorelDRAW 软件默认保存的矢量图型编辑软件。CorelDRAW 是矢量图形绘制软件，所以 CDR 可以记录文件的属性、位置和分页等。但它在兼容性上比较差，一般在 CorelDraw 软件中使用，但其他图形编辑软件却打不开此类文件。

背景资料：动画文件

① GIF 动画文件。

考虑到网络传输中的实际情况，GIF 图像格式除了一般的逐行显示方式外，还增加了渐显方式。也就是说，在图像传输过程中，用户可以先看到图像的大致轮廓，然后随着传输过程的继续而逐渐看清图像的细节部分，从而适应了用户的观赏心理。最初，GIF 只是用来存储单幅静止图像的，后又进一步发展为可以同时存储若干幅静止图像并进而形成连续的动画，目前 Internet 上动画文件多为这种格式的文件。

② FLC 文件。

FLC 文件是 2D、3D 动画制作软件中经常采用的动画文件格式。FLC 文件首先压缩并保存整个动画系列中的第一幅图像，然后逐帧计算前后两幅图像的差异或改变部分，并对这部分数据进行压缩，由于动画序列中前后相邻图像的差别不大，因此可以得到相当高的数据压缩率。

③ SWF 文件。

SWF 文件是基于 Shockwave 技术的流式动画格式，是用 Flash 软件编辑制作并导出的动画格式文件。由于 SWF 文件的体积小、功能强、交互能力好、支持多个层和时间线程等特点，所以广泛应用在 Internet 上。客户端浏览器安装 Flash 播放插件即可播放。

背景资料：音频文件

数字音频同 CD 音乐一样，将真实的数字信号保存起来，播放时通过声卡将信号恢复成悦耳的声音。

① Wave 文件（WAV）。

Wave 格式文件是 Microsoft 公司开发的一种声音文件格式，用于保存 Windows 平台的音频信息资源，被 Windows 平台及其应用程序所广泛支持。是 PC 上最为流行的声音文件格式，但其文件尺寸较大，多用于存储简短的声音片段。

② MPEG 音频文件（MP1、MP2、MP3）。

MPEG 音频文件格式是指 MPEG 标准中的音频部分。MPEG 音频文件的压缩是一种有损压缩，根据压缩质量和编码复杂程度的不同可分为 3 层（MPEG Audio Layer1/2/3），分别对应 MP1、MP2、MP3 这 3 种声音文件。MPEG 音频编码具有很高的压缩率，MP1 和 MP2 的压缩率分别为 4∶1 和 6∶1～8∶1，标准的 MP3 的压缩比是 10∶1。一个三分钟长的音乐文件压缩成 MP3 后大约是 4MB，同时其音质基本保持不失真。目前在网络上使用最多的就是 MP3 文件格式。

③ RA 文件。

RealAudio 是 Real Networks 公司开发的一种新型流行音频文件格式，主要用于在低速率的广域网上实时传输音频信息，网络连接速率不同，客户端所获得的声音质量也不尽相同。对于 14.4Kb/s 的网络连接，可获得调频（AM）质量的音质；对于 28.8Kb/s 的网络连接，可以达到广播级的声音质量；如果拥有 ISDN 或更快的线路连接，则可获得 CD 音质的声音。

④ WMA 文件。

WMA（Windows Media Audio）是继 MP3 后最受欢迎的音乐格式，在压缩比和音质方面都超过了 MP3，能在较低的采样频率下产生较好的音质。WMA 有微软的 Windows Media Player 做强大的后盾，目前网上的许多音乐纷纷转向 WMA。

⑤ MIDI 文件（MID）。

MIDI 是乐器数字接口（Musical Instrument Digital Interface）的缩写，是数字音乐/电子合成乐器的统一国际标准。它定义了计算机音乐程序、合成器及其他电子设备交换音乐信号的方式，还规定了不同厂家的电子乐器与计算机连接的电缆和硬件及设备间数据传输的协议，可用于为不同乐器创建数字声音，可以模拟大提琴、小提琴、钢琴等常见乐器。在 MIDI 文件中，只包含产生某种声音的指令，计算机将这些指令发送给声卡、声卡按照指令将声音合成出来，相对于声音文件，MIDI 文件显得更加紧凑，其文件尺寸也小得多。

背景资料：视频文件

① ASF 文件。

ASF 是 Advanced Streaming Format 的缩写，它是 Microsoft 公司的影像文件格式，是 Windows Media Service 的核心。ASF 是一种数据格式，音频、视频、图像及控制命令脚本等多媒体信息通过这种格式，以网络数据包的形式传输，实现流式多媒体内容发布。

② WMV 文件。

WMV 是微软推出的一种流媒体格式，它是从微软的 ASF 格式升级延伸来的。在同等视频质量下，WMV 格式的体积非常小，因此很适合在网上播放和传输。WMV 文件一般同时包含视频和音频部分。视频部分使用 Windows Media Video 编码，音频部分使用 Windows Media Audio 编码。

③ AVI 文件。

AVI 格式的文件是一种不需要专门的硬件支持就能实现音频与视频压缩处理、播放和存储的文件。AVI 格式文件可以把视频信号和音频信号同时保存在文件中。在播放时，音频和视频同步播放。AVI 视频文件使用上非常方便。例如，在 Windows 环境中，利用 Windows Media Player 能够轻松地播放 AVI 视频图像；利用微软公司 Office 系列中的幻灯片软件 PowerPoint，也可以调入和播放 AVI 文件；在网页中也很容易加入 AVI 文件；利用高级程序设计语言，也可以定义、调用和播放 AVI 文件。

（4）MPEG 文件（MPEG、MPG、DAT）

MPEG 文件格式是运动图像压缩算法的国际标准，MPEG 标准包括 MPEG 视频、

MPEG 音频和 MPEG 系统（视频、音频同步）3 个部分，MP3 音频文件就是 MPEG 音频的一个典型应用。MPEG 压缩标准是针对运动图像而设计的，其基本方法是在单位时间内采集并保存第一帧信息，然后只存储其余帧相对第一帧发生变化的部分，从而达到压缩的目的。它主要采用两个基本压缩技术运动补偿技术实现时间上的压缩，而变换域压缩技术则实现空间上的压缩。MPEG 的平均压缩比为 50∶1，最高可达 200∶1，压缩效率非常高，同时图像和音响的质量也非常好。

MPEG 的制定者原打算开发 4 个版本 MPEG1～MPEG4，以适用于不同带宽和数字影像质量的要求。后由于 MPEG3 被放弃，所以现存的只有 3 个版本：MPEG-1、MPEG-2 和 MPEG-4。

VCD 使用 MPEG-1 标准制作；而 DVD 则使用 MPEG-2 标准制作。MPEG-4 标准主要应用于视像电话、视像电子邮件和电子新闻等，其压缩比例更高，所以对网络的传输速率要求相对较低。

⑤ RM 文件。

RM 是 Real Media 的缩写，是由 Real Networks 公司开发的视频文件格式，也是出现最早的视频流格式。它可以是一个离散的单个文件，也可以是一个视频流。它在压缩方面做得非常出色，生成的文件非常小。它已成为网上直播的常用格式，并且这种技术已相当成熟。

⑥ RMVB 文件。

RMVB 是一种可改变比特率的视频文件格式，可以用 RealPlayer、暴风影音等播放软件来播放。

影片的静止画面和运动画面对压缩采样率的要求不同，如果始终保持固定的比特率，会对影片质量造成浪费。RM 格式采用的是固定码率编码，在标准在线 225kbps 码率的情况下，画面清晰度差。RMVB 格式比上一代 RM 格式画面要更清晰，原因是降低了静态画面下的比特率。

RMVB 格式在保证平均压缩比的基础上，设定了一般为平均采样率两倍的最大采样率值。将较高的比特率用于复杂的动态画面（如歌舞、飞车、战争等），而在静态画面中则灵活地转为较低的采样率，合理地利用了比特率资源，使 RMVB 在牺牲少部分用户察觉不到的影片质量的情况下，最大限度地压缩了影片的大小，最终拥有了接近于 DVD 品质的视听效果。

⑦ MOV 文件。

这是著名的 APPLE（美国苹果公司）开发的一种视频格式，默认的播放器是苹果公司的 QuickTime Player，几乎所有的操作系统都支持 QuickTime 的 MOV 格式，现在已经是数字媒体事实上的工业标准，多用于专业领域。

3．学生讨论（30 分钟）

（1）学生随机每 4 人组成一个研究讨论小组，每组自行选出组长。由组长主持讨论屏幕抓图的不同方式，以及练习播放 Flash 动画的操作，掌握录制声音的技能，练习播放视频的操作。

（2）学生以小组为单位总结出学习心得，使用海报纸展示小组设计成果。

（3）教师在此过程中不讲授任何内容，完全由学生带着问题自己来完成讨论过程，教师只充当咨询师的角色，并认真检查记录学生讨论的情况，以便考核学生。

4．完成工作任务（40 分钟）

利用观察学习和小组讨论学习的心得，练习和掌握屏幕抓图、播放动画、录制声音和播放视频的 4 种操作。

注意：录制声音这个操作由于学生个体的差异性，播放的声音内容往往可以体现出学生个人的兴趣取向，会在班级里形成共鸣或不同的反应，这里教师应注意引导和纠正。

5．总结评价与提高（20 分钟）
总结评价 （1）教师依据学生讨论及完成工作过程中的行动记录，挑选出具有代表性的几个小组的工作成果，随机抽取几个学生对其进行点评，说出优点与不足之处。 教师总结：【Print Screen】键是截取当前整个屏幕的内容，【Alt+Print Screen】组合键的使用是截取当前窗口，当前窗口是指多窗口操作中的显示在前台的活动窗口，所对应的任务栏按钮呈现为按下状态。 注意第一次上网时，浏览器会提示是否从网络下载并安装 Flash 播放插件，或者当 Flash 播放插件的版本太低时，浏览器也会提示是否下载最新版本的 Flash 播放插件。 注意录制声音时 Windows 系统自带的录音软件默认最长录制时间为 60 秒，当重新录音时原来的声音如果需要应先保存，否则会被覆盖。 （2）总结屏幕抓图、播放动画、录制声音和播放视频为 4 种操作。教师总结与学生总结相结合，对文件操作过程中的简便方式进行总结（如快捷键），掌握针对不同文件操作的简便方法，提高工作效率。 （3）学生对自己完成的工作进行总结与反思，主要写出自己在小组讨论与完成工作任务过程中的收获，并提交书面总结报告。 提高 怎样在“录音机”软件中实现将 WAV 格式的文件转换为 MP3 格式的文件进行保存。可以让学生以抢答的方式抢分（回答正确，并能操作讲解明白，酌情给予 3～5 分的加分）。

任务 3——图像处理

教学单元设计实施方案

<table>
<tr><td colspan="2">教学单元名称</td><td>图像处理</td><td>课时</td><td>4 学时</td></tr>
<tr><td colspan="2" rowspan="2">所属章节</td><td>第 6 章　多媒体软件的应用</td><td rowspan="2">授课班级</td><td rowspan="2"></td></tr>
<tr><td>学习单元 6.2　图像处理</td></tr>
<tr><td colspan="2">任务描述</td><td colspan="3">王小红已经掌握了计算机多媒体素材的浏览和采集，现在她开始对现有的多媒体素材进行加工处理，创作出简单的图像处理作品。这时，她选择使用最常见的 ACDSee 软件完成自己的工作任务。</td></tr>
<tr><td colspan="2">任务分析</td><td colspan="3">将通过制作一份“滴水之贵”的水资源公益广告，学习看图软件 ACDSee 的基础操作。具体内容包括图像的预览和浏览、调整图像、添加图像效果、添加文本等。完成本任务主要有以下操作：
● 调整图像大小；　● 图像自动曝光；
● 调整图像亮度；　● 裁剪图像；
● 添加图像效果；　● 添加文本；
● 设置文字字体；　● 设置文字阴影；
● 设置文字斜角；　● 保存图像。</td></tr>
<tr><td rowspan="3">教学目标</td><td>方法能力</td><td>（1）能够有效地进行图像修改、图像处理。
（2）能够在工作中寻求发现问题和解决问题的途径。
（3）能够独立学习，不断获取新的知识和技能。
（4）能够对所完成工作的质量进行自我控制及正确评价。</td><td rowspan="3">考核方式</td><td rowspan="3">过程考核与终结考核
过程考核：小组设计成果（30%）、个人完成整理文件工作成果（30%）
终结考核：总结反思报告（40%）</td></tr>
<tr><td>社会能力</td><td>（1）在工作中能够良好沟通，掌握一定的交流技巧。
（2）公正坦诚、乐于助人，学会与人相处。
（3）做事认真、细致，有自制力和自控力。
（4）有较强的团队协作精神和环境意识。</td></tr>
<tr><td>专业能力</td><td>（1）能够进行调整图像大小、裁剪图像等图像修改操作。
（2）能够使用多种方式进行图像效果处理。
（3）能够为图像添加文本。
（4）能够正确保存图像文件。</td></tr>
<tr><td>教学环境</td><td colspan="4">为每位学生配备的计算机具备如下的软硬件环境。
软件环境：Windows XP（要求硬盘内有“素材”文件夹、图像素材）、ACDSee 10。
硬件环境：星形局域网机房（已正确安装网络教室软件）、投影屏幕。</td></tr>
</table>

教学单元设计实施方案架构

教学内容	教师行动	学生行动	组织方式	教学方法	资源与媒介	时间（分）
1. 任务提出	教师解释工作任务	与老师讨论工作任务	集中	引导文法	投影屏幕	10
	提问：图像处理已在日常生活中有很多应用，大家回想一下自己接触过哪些	思考生活中所接触过的图像处理实例，如照片处理、平面广告、图像创意设计等				
2. 知识讲授与操作演示	教师演示缩略图查看、设置文件夹为相册、幻灯片查看方式、ACDSee 快速查看图像、ACDSee 完整查看图像、ACDSee 相片管理器管理图像、另存图像	观察学习	集中	讲授	投影屏幕	30
	教师演示调整图像大小、图像自动曝光、调整图像亮度、图像裁剪、添加效果、保存图像处理结果	观察学习				
	教师演示为图像添加文本、设置字体、设置文字阴影、设置文字斜角、保存退出	观察学习				
3. 学生讨论	巡视检查、记录回答学生提问	讨论试用不同的浏览图像的方式，讨论并体会各种不同浏览图像方式的区别	分组（4人一组，随机组合）	头脑风暴	计算机	40
		调整图像大小、图像自动曝光、调整图像亮度、图像裁剪，添加效果、保存图像处理结果。其中，其他图像处理工具的使用、其他图像效果添加，要通过讨论的方式体会不同途径的区别	分组（4人一组，随机组合）	头脑风暴	计算机	
		练习为图像添加文本、设置字体、设置文字阴影、设置文字斜角、保存退出的操作，讨论不同参数的区别	分组（4人一组，随机组合）	头脑风暴	计算机	

		设计出图像作品，通过网络教室展示小组设计成果	分组（4人一组，随机组合）	可视化	网络教室、投影仪	
4. 完成工作任务	巡视检查、记录	利用观察学习的心得和小组讨论学习过程中掌握的方法，进行图像浏览、图像加工和添加文本的操作，在创作过程 中加入各自的创意	独立	自主学习	计算机	50
5. 总结评价与提高	根据先期观察记录，挑选出具有代表性的几个小组的图像处理作品，随机抽取学生对其进行初步点评	倾听点评	分组、集中	自主学习	计算机和投影屏幕	30
	对图像浏览、图像加工和添加文本的操作进行简单的总结	倾听总结，对自己的整个工作任务的完成过程进行反思并书写总结报告	集中	讲授、归纳总结法	计算机和投影屏幕	

教学单元设计实施方案细则

1．任务提出（10分钟）

教师提出具体的工作任务——王小红已经掌握了计算机多媒体素材的浏览和采集，现在她开始对现有的多媒体素材进行加工处理，创作出简单的图像处理作品。这时，她选择使用最常见的ACDSee软件完成自己的工作任务。

提问：图像处理已在日常生活中有很多应用，大家回想一下自己接触过哪些？

2．知识讲授与操作演示（30分钟）

（1）教师演示缩略图查看、设置文件夹为相册、幻灯片查看方式、ACDSee快速查看图像、ACDSee完整查看图像、ACDSee相片管理器管理图像、另存图像等操作。

背景资料：ACDSee查看常用操作

ACDSee查看常用操作

操作命令	快捷键
全屏	F
相片管理器	Enter（回车键）
首张图像	Home
末张图像	End
下一张	Page Down键或空格键
上一张	Page Up键、Backspace退格键

（2）教师演示调整图像大小、图像自动曝光、调整图像亮度、图像裁剪、添加效果、保存图像处理结果。

教师演示添加效果时，只选择了“水面”一种效果，注意引导学生可以尝试其他效果，激发学生创意意识。同样的，图像处理中教师只演示了自动曝光、调整亮度，还有其他很多的图像处理工具，也要注意引导学生大胆使用，同时要求学生注意创作效果，培养学生的创作意识和创新思维。

背景资料：像素和分辨率

① 像素。

在本任务中所选用的图像都是点阵图像，一幅点阵图像可以看成是由无数个点组成的，组成图像的一个点就是一个像素，像素是构成位图图像的最小单位。

② 分辨率。

点阵图像的大小经常用1024×768、800×600等数字积的形式表示，这种数字乘积称为分辨率数字为像素数目的多少。其中1024、800称为水平分辨率，是图像显示在电脑屏幕上时，水平方向像素的数目，表示图像的宽度；768、600称为垂直分辨率，表示垂直方向像素的数目，表示图像的高度。

背景资料：水印

水印是在造纸过程中形成的，“夹”在纸中而不是在纸的表面，迎光看时可以清晰看到有明暗纹理的图形、人像或文字。将纸币对着光时即可看到其中的水印。

在ACDSee中，水印是指通常用于信函和名片的半透明图像。

背景资料：ACDSee 10的特点

ACDSee 10能快速、高质量显示图像文件，并配有内置的音频播放器，可以制作和播放精彩的幻灯片，还能播放如Mpeg之类常用的视频文件。

① 快速查看。

通过ACDSee，不必再等待另一张图片打开。它是目前市场上最快的查看器，可以以最快的速度查看图片。通过虚拟日历查看图片，让图片填满屏幕并通过指尖轻点快速浏览。另外 ACDSee 的快速查看模式可以以最快的方式打开邮件附件或者桌面的文件。将鼠标放在图片上可以进行快速预览。

② 使用 ACDSee 管理文件。

使用 ACDSee，创建最适合你的方式。管理你的 Windows 文件夹，增加关键字和等级，编辑元数据并创建你自己的分类。将图片按照你的喜好任意分类而无须复制文件。使用多个关键字搜索使搜索图片更加容易，如“北京之行”。

当你的相机、iPod、照相手机或者其他设备与计算机连接时自动对新图片进行输入、重命名和分类。管理 CD、DVD 和外部驱动的图片而无须将其复制到你的计算机中，节省大量时间。无须离开 ACDSee 即可迅速解压缩文件、查看和管理存档项目。

③ 修正和改善你的照片。

单击按钮修正普通的问题，消除红眼、清除杂点和改变颜色。通过 ACDSee 先进的工具可以消除红眼并使眼睛的颜色更加自然。

通过 ACDSee 阴影/高光工具可以修正相片过明或过暗等细节问题。它可以快速修正照片的曝光不足，在指定的区域内而不影响其他区域。可以对照片所选范围实现模糊、饱和度和色彩效果的调整。

④ 分享你最喜欢的照片。

通过邮件给家庭成员和朋友发送照片，无须担心修改尺寸和转换格式的多余操作。通过 ACDSee 的免费线上相册 ACDSee Sendpix，可在你的网站和博客上发布照片。

设计你自己独特的幻灯片并增加特效和声音，混合音频和同步歌曲。从 ACDSee 内部创建 PowerPoint，包括注解和标题等。

⑤ 使家庭打印轻而易举。

通过 ACDSee 打印输出工具可以在家更加容易地打印照片。ACDSee 帮助您在一页内打印多个 4×6 印刷品，以 8×10 填装整个页面或者创建习惯的打印尺寸。

⑥ 保护你的照片。

ACDSee 帮助你保存图像的拷贝，所以当你的计算机出现问题时图片也不会丢失。可使用同步工具将你的图片文件夹和网络同步，或者使用数据库备份工具将你的照片和数据备份到 CD 或者 DVD。你甚至可以自己安排备份和提醒。

⑦ 查看、浏览和管理超过 100 种的文件格式。

ACDSee 支持大量的音频、视频和图片格式包括 BMP、GIF、IFF、JPG、PCX、PNG、PSD、RAS、RSB、SGI、TGA 和 TIFF。可以通过完整列表查看所有支持的文件格式。

（3）教师演示为图像添加文本、设置字体、设置文字阴影、设置文字斜角、保存退出等操作。

教师演示时可以提示学生大胆发挥想象力，使用学生自己喜欢的语言文字。教师在演示设置参数时，可以让学生提出问题，要求学生使用不同的设置参数，以显示不同的效果。

3．学生讨论（40 分钟）

（1）学生随机每 4 人组成一个研究讨论小组，每组自行选出组长。由组长主持讨论试用不同的浏览图像的方式，讨论并体会各种不同查看图像方式的区别。

调整图像大小、图像自动曝光、调整图像亮度、图像裁剪、添加效果、保存图像处理结果。其中，其他图像处理工具的使用、其他图像效果添加要通过讨论的方式体会不同途径的区别。

练习为图像添加文本、设置字体、设置文字阴影、设置文字斜角、保存退出的操作，讨论不同参数的区别。

（2）学生以小组为单位，展示自己小组设计的图像作品，通过网络教室展示小组设计成果。其中教师要引导学生对自己小组作品中的创意特点和学习过程中发现的心得做重点讲解。

（3）教师在此过程中不讲授任何内容，完全由学生带着问题自己来完成讨论过程，教师只充当咨询师的角色，并认真检查记录学生讨论的情况，便于考核学生。

4．完成工作任务（50 分钟）

利用观察学习的心得和小组讨论学习过程中掌握的方法，对一开始教师给出的素材进行图像浏览、图像加工和添加文本的操作，在创作过程中加入各自的创意。学生的创作过程中会有明显的差异性，结果可能会大不相同，这时教师要鼓励学生，但同时对学生作品中可能表现出的不好之处要进行及时的纠正。

注：仔细引导学生大胆使用不同的效果、不同的参数，观察是否有拓展方式等。

5．总结评价与提高（30 分钟）

总结评价

（1）根据先期观察记录，挑选出具有代表性的几个小组的图像处理作品，随机抽取学生对其进行初步点评，说出优点与不足之处。

教师总结：需要以“幻灯片”方式查看文件夹中的图片，必须将这个文件夹定义为“相册”。

ACDSee 软件以快速浏览图像文件、操作简便著称。随着软件版本的不断提升，ACDSee 软件已不再局限于简单的图像查看功能，一些常用的图像加工技术开始出现在 ACDSee 软件中，如可以调整图像分辨率，在网页设计中，也经常需要将大图像调整为小图片；图像文件存在曝光不正确的问题，ACDSee 软件的自动曝光功能可以帮助纠正曝光问题；照片整体偏暗时，可以调整图像的亮度；在计算机处理图像时，还经常需要裁剪图像中的一部分，ACDSee 软件可以方便地实现图像的裁剪；照相机拍摄的是现实生活中的照片，计算机还可以生成特有的效果并添加到图像中，除了“水面”效果，ACDSee 软件还提供了很多其他的效果；ACDSee 软件还可以方便地在图像中添加说明的文本字符，能够更明白地说明图像的含义。

（2）教师总结与学生总结相结合，对图像浏览、图像加工和添加文本的操作进行简单的总结。特别要强调创作意识和创新思维。

（3）学生对自己完成的图像创作过程进行总结与反思，主要写出自己在小组讨论与完成工作任务的过程中的收获，并提交书面总结报告。

提高

如何用 ACDSee 软件将一幅图像设置为 Windows XP 的桌面壁纸？如何消除红眼？如何用 ACDSee 软件对图像设置水印（回答正确，并能操作讲解明白，酌情给予 3～5 分的加分）？

任务 4——音频视频处理

教学单元设计实施方案

<table>
<tr><td colspan="2">教学单元名称</td><td>音频视频处理</td><td>课时</td><td>4 学时</td></tr>
<tr><td colspan="2" rowspan="2">所属章节</td><td>第 6 章　多媒体软件的应用</td><td rowspan="2">授课班级</td><td rowspan="2"></td></tr>
<tr><td>学习单元　6.3 音频视频处理</td></tr>
<tr><td colspan="2">任务描述</td><td colspan="3">王小红已经掌握了图像处理的技巧，现在她要开始声音处理，还要开始非常有趣的影视创作，真正进入绚丽的计算机多媒体视听世界。</td></tr>
<tr><td colspan="2">任务分析</td><td colspan="3">掌握 Windows Media Player 软件的使用、使用“录音机”处理音频、使用 Windows Movie Maker 制作电影等的操作。完成本任务主要有以下操作：
● Windows Media Player 播放音频；
● CD 音乐翻录；
● 使用“录音机”处理音频；
● 使用 Windows Movie Maker 制作电影。</td></tr>
<tr><td rowspan="3">教学目标</td><td>方法能力</td><td>（1）能够有效地进行多媒体音频和视频创作。
（2）能够在工作中寻求发现问题和解决问题的途径。
（3）能够独立学习，不断获取新的知识和技能。
（4）能够对所完成工作的质量进行自我控制及正确评价。</td><td rowspan="3">考核方式</td><td rowspan="3">过程考核与终结考核
过程考核：小组设计成果（30%）、个人完成整理文件工作成果（30%）
终结考核：总结反思报告（40%）</td></tr>
<tr><td>社会能力</td><td>（1）在工作中能够良好沟通，掌握一定的交流技巧。
（2）公正坦诚、乐于助人，学会与人相处。
（3）做事认真、细致，有自制力和自控力。
（4）有较强的团队协作精神和环境意识。</td></tr>
<tr><td>专业能力</td><td>（1）设置 Windows Media Player 可视化效果和外观。
（2）使用 Windows Media Player 播放 CD 音乐、DVD 电影，并能使用 Windows Media Player 的媒体库管理多媒体资源。
（3）CD 音乐翻录。
（4）给声音添加声音效果，并能进行有效的声音编辑。
（5）使用 Windows Movie Maker 制作电影。</td></tr>
<tr><td>教学环境</td><td colspan="4">为每位学生配备的计算机具备如下的软硬件环境。
软件环境：Windows XP（要求硬盘内有“素材”文件夹，内含视频、音频等素材）。
硬件环境：星形局域网机房（已正确安装网络教室软件）、投影屏幕、小音箱或耳机、CD-ROM、DVD-ROM、CD 光盘和 DVD 光盘。</td></tr>
</table>

教学单元设计实施方案架构

<table>
<tr><th>教学内容</th><th>教师行动</th><th>学生行动</th><th>组织方式</th><th>教学方法</th><th>资源与媒介</th><th>时间（分）</th></tr>
<tr><td rowspan="2">1．任务提出</td><td>教师解释工作任务</td><td>与老师讨论工作任务</td><td rowspan="2">集中</td><td rowspan="2">引导文法</td><td rowspan="2">投影屏幕</td><td rowspan="2">10</td></tr>
<tr><td>提问：同学们，大家都用过录音机吗，能描述用录音机录音的过程吗</td><td>回忆过去用录音机的经历，和用录音机录音的操作过程</td></tr>
<tr><td rowspan="3">2．知识讲授与操作演示</td><td>教师演示 Windows Media Player 可视化效果的设置、外观的设置、使用 Windows Media Player 播放 CD 音乐、DVD 电影、翻录 CD 音乐</td><td>观察学习</td><td rowspan="3">集中</td><td rowspan="3">讲授</td><td rowspan="3">投影屏幕</td><td rowspan="3">30</td></tr>
<tr><td>教师演示使用 Windows XP 自带的“录音机”打开和播放声音文件、加大和降低音量、声音加速和减速、给声音添加回音、反转声音、删除一段声音、插入一段声音文件等操作</td><td>观察学习</td></tr>
<tr><td>教师演示准备素材、启动 Windows Movie Maker、导入素材、情节提要的运用、连接两段视频、添加视频效果、添加视频过渡效果、保存项目、保存电影等操作</td><td>观察学习</td></tr>
<tr><td>3．学生讨论</td><td>巡视检查、记录
回答学生提问</td><td>合作学习 Windows Media Player 可视化效果的设置、外观的设置、使用 Windows Media Player 播放 CD 音乐、DVD 电影、翻录 CD 音乐等操作，讨论各种不同的可视化效果和外观的区别</td><td>分组（4 人一组，随机组合）</td><td>头脑风暴</td><td>计算机
CD-ROM（DVD-ROM）、CD 光盘、DVD 光盘</td><td>40</td></tr>
</table>

		合作学习使用 Windows XP 自带的“录音机”打开和播放声音文件、加大和降低音量、声音加速和减速、给声音添加回音、反转声音、删除一段声音、插入一段声音文件等操作	分组（4 人一组，随机组合）	头脑风暴	计算机	
		合作学习准备素材、启动 Windows Movie Maker、导入素材、情节提要的运用、连接两段视频、添加视频效果、添加视频过渡效果、保存项目、保存电影等操作	分组（4 人一组，随机组合）	头脑风暴	计算机	
		设计声音处理方案和电影设计方案，多媒体网络教室展示小组设计成果	分组（4 人一组，随机组合）	可视化	多媒体网络教室、投影仪	
4．完成工作任务	巡视检查、记录	根据小组合作学习和讨论学习的结果，独立练习设置 Windows Media Player 可视化效果和外观、使用 Windows Media Player 播放 CD 音乐、DVD 电影，并使用 Windows Media Player 的媒体库管理多媒体资源、翻录 CD 音乐、给声音添加声音效果并进行声音编辑、使用 Windows Movie Maker 制作电影	独立	自主学习	计算机	50
5．总结评价与提高	根据先期观察记录，挑选出具有代表性的几个小组的最终作品，随机抽取学生对其进行初步点评	倾听点评	分组、集中	自主学习	计算机和投影屏幕	30
	对音频和视频处理进行简单的总结	倾听总结，对自己的整个工作任务的完成过程进行反思并书写总结报告	集中	讲授、归纳总结法	计算机和投影屏幕	

教学单元设计实施方案细则

1．任务提出（10分钟）
教师提出工作任务——王小红已经掌握了图像处理的技巧，现在她要开始声音处理，还要开始非常有趣的影视创作，真正进入绚丽的计算机多媒体视听世界。 提问：同学们，大家都用过录音机吗，能描述用录音机录音的过程吗？
2．知识讲授与操作演示（30分钟）
（1）教师演示 Windows Media Player 可视化效果的设置、外观的设置、使用 Windows Media Player 播放 CD 音乐、DVD 电影、翻录 CD 音乐的操作。 背景资料：媒体库 媒体库是 Windows Media Player 中的一块特定区域，可在此处管理计算机上的所有您喜爱的音乐、视频和图片。使用媒体库可以轻松地查找和播放数字媒体文件，还可以选择要刻录到 CD 或同步到便携式设备的内容。 背景资料：GoldWave 软件 GoldWave 是集音频文件制作、编辑、美化、裁剪于一身的声音处理软件，具有多普勒、动态、回声、扩展器、倒转、机械化、混响、立体声、降嘈等功能，可打开 WAV、OGG、VOC、IFF、AIF、AFC、AU、SND、MP3、MAT、DWD、SMP、VOX、SDS、AVI、MOV、APE 等格式的音频文件。 （2）教师演示使用 Windows XP 自带的“录音机”打开和播放声音文件、加大和降低音量、声音加速和减速、给声音添加回音、反转声音、删除一段声音、插入一段声音文件等操作。 背景资料：保存对声音的改变 利用“文件”菜单中的“保存”命令，可以在原声音文件上保存所做的处理结果；利用“文件”菜单中的“另存为”命令，可以将对声音所做的改变结果以新的声音文件的形式保存到所指定的文件夹中。 背景资料：撤销对声音文件的更改 在“文件”菜单上单击“还原”，单击“是”按钮即可确认还原。一旦将文件保存，则保存前所做的任何更改都将无法撤销。 背景资料：音频编辑 声音素材与 Windows 其他应用软件的对象一样，可以进行剪切、复制、粘贴、删除等编辑操作。 背景资料：回声效果 回声是指声音发出后经过一定的时间再返回被我们听到，就像在旷野上面对高山呼喊一样，在很多影视剪辑、配音中被广泛采用。声音持续时间越长，回声反复的次数越多，效果就越明显。 背景资料：均衡器 均衡调节是音频编辑中一项十分重要的处理方法，它能够合理改善音频文件的频率结构，达到理想的声音效果。 （3）教师演示准备素材、启动 Windows Movie Maker、导入素材、情节提要的运用、连接两段视频、添加视频效果、添加视频过渡效果、保存项目、保存电影等操作。 背景资料：片头和片尾 影片正式画面出现之前与之后的部分叫做片头和片尾，一般用以介绍厂名、厂标、片名、演职人员姓名，有时还以简短文字介绍剧情或故事背景。片头片尾字幕常在绘画、浮雕或某种实物的衬底上出现，也有的配以某些与影片内容有一定联系的电影画面。片头片尾字幕及其衬底、音乐等应与影片内容、风格相一致。 背景资料：Adobe Premiere Pro

Adobe Premiere Pro 是目前最普及的视频编辑软件，制作工具灵活方便，可以制作出复杂的视频效果。它是一款通过利用计算机对录像、声音、动画、照片、图像、文本进行采集、制作、生成和播放，来制作 Video for Windows 的影像、QuickTime for Windows 电影、Real Player 视频流文件以及 VCD、DVD 的强大视频编辑软件。

背景资料：会声会影

会声会影是台湾友立资讯出品的一套操作简单、功能强大的 DV、HDV 影片剪辑软件，符合家庭或个人所需的影片剪辑要求。

3．学生讨论（40 分钟）

（1）学生随机每 4 人组成一个研究讨论小组，每组自行选出组长。由组长主持合作学习 Windows Media Player 可视化效果的设置、外观的设置、使用 Windows Media Player 播放 CD 音乐、DVD 电影、翻录 CD 音乐等操作，讨论各种不同的可视化效果和外观的区别。

合作学习使用 Windows XP 自带的“录音机”打开和播放声音文件、加大和降低音量、声音加速和减速、给声音添加回音、反转声音、删除一段声音、插入一段声音文件等操作。

合作学习准备素材、启动 Windows Movie Maker、导入素材、情节提要的运用、连接两段视频、添加视频效果、添加视频过渡效果、保存项目、保存电影等操作。

（2）学生以小组为单位通过多媒体网络教室展示自己小组设计的声音处理方案和电影设计方案。

（3）教师在此过程中不讲授任何内容，完全由学生带着问题自己来完成讨论过程，教师只充当咨询师的角色，并认真检查记录学生讨论的情况，便于考核学生。

4．完成工作任务（50 分钟）

根据小组合作学习和讨论学习的结果，独立练习设置 Windows Media Player 可视化效果和外观、使用 Windows Media Player 播放 CD 音乐、DVD 电影，并使用 Windows Media Player 的媒体库管理多媒体资源、翻录 CD 音乐、给声音添加声音效果，以及进行声音编辑、使用 Windows Movie Maker 制作电影。

5．总结评价与提高（30 分钟）

总结评价

（1）教师依据学生讨论及完成工作过程中的行动记录，挑选出具有代表性的几个小组的最终作品，随机抽取学生对其进行初步点评，说出优点与不足之处。

（2）教师总结：单击 Windows Media Player 的“查看”菜单，选择“完整模式”将返回 Windows Media Player 的默认外观。

Windows Media Player 默认将翻录的歌曲保存在“我的文档”中的“我的音乐”文件夹中，可以在其中找到并进行复制、移动、重命名、删除等操作。

“录音机”软件中取消回音可以通过“文件”菜单下的“还原”命令实现，但必须是在保存操作之前还原；取消反转可通过再进行一次反转的操作实现。

视频效果是作用于视频剪辑之上的一种视频处理，而视频过渡是作用于两段视频剪辑之间的视频处理。

注意教师总结要和学生总结相结合。

（3）学生对自己完成的工作进行总结与反思，主要写出自己在小组讨论与完成工作任务过程中的收获，并提交书面总结报告。

提高

如何使用 Windows Media Player 复制、刻录一张 CD 光盘？如何在 Word 文档中插入一段声音？如何在使用 Windows Movie Maker 制作电影时添加片头和片尾（回答正确，并能操作讲解明白，酌情给予 3～5 分的加分）？

第7章　制作演示文稿（PowerPoint 2007）

任务1——制作博书科技出版社介绍的首页幻灯片
任务2——制作博书科技出版社介绍的其他幻灯片
任务3——增加演示文稿的多媒体效果
任务4——设置演示文稿的放映效果

任务1——制作博书科技出版社介绍的首页幻灯片

教学单元设计实施方案

<table>
<tr><td>教学单元名称</td><td colspan="2">制作博书科技出版社介绍的首页幻灯片</td><td>课时</td><td>4学时</td></tr>
<tr><td rowspan="2">所属章节</td><td colspan="2">第7章　制作演示文稿（PowerPoint 2007）</td><td rowspan="2">授课班级</td><td rowspan="2"></td></tr>
<tr><td colspan="2">学习单元7.1　创建、编辑与保存演示文稿</td></tr>
<tr><td>任务描述</td><td colspan="4">博书科技出版社为了展示企业形象、扩大业务，在华中地区招开了一次图书发行会议。在此次会议上，安排了宣传演讲，要求使用演示文稿，通过投影仪向参会人员介绍出版社的基本情况，宣传出版社的企业文化，展示出版社的形象与实力。首页是演示文稿的脸面，应包含企业的标志图标和企业名称，效果应做到图文并茂，具有吸引人“眼球”的效果。</td></tr>
<tr><td>任务分析</td><td colspan="4">本次任务将完成上述演示文稿的首页制作任务。完成本任务主要有以下操作：
● 创建并保存演示文稿；　● 使用模板创建演示文稿；
● 在演示文稿中绘制图形；　● 在演示文稿中输入文本内容；
● 在演示文稿中插入图片和艺术字。</td></tr>
<tr><td rowspan="3">教学目标</td><td>方法能力</td><td>（1）能够有效地获取、利用和传递信息。
（2）能够在工作中寻求发现问题和解决问题的途径。
（3）能够独立学习，不断获取新的知识和技能。
（4）能够对所完成工作的质量进行正确评价。</td><td rowspan="3">考核方式</td><td rowspan="3">过程考核与终结考核
过程考核：小组设计成果（30%）、个人完成首页制作成果（30%）
终结考核：总结反思报告（40%）</td></tr>
<tr><td>社会能力</td><td>（1）能够与他人进行良好沟通，掌握一定的交流技巧，学会与人相处。
（2）做事认真、细致，有自制力和自控力。
（3）有较强的团队协作精神和环境意识。</td></tr>
<tr><td>专业能力</td><td>（1）能够认识PowerPoint 2007的操作界面。
（2）能够创建并保存演示文稿。
（3）能够在演示文稿中绘制图形。
（4）能够在演示文稿中输入文本内容、插入图片和艺术字。
（5）能够使用模板创建演示文稿。</td></tr>
<tr><td>教学环境</td><td colspan="4">教学软硬件环境。
硬件环境：PC、投影屏幕等。
软件环境：Windows XP，Office 2007。</td></tr>
</table>

教学单元设计实施方案架构

教学内容	教师行动	学生行动	组织方式	教学方法	资源与媒介	时间（分钟）
1．任务提出	教师解释具体工作任务	接受工作任务	集中	展示、引导文法	投影屏幕	20
	展示：教师展示介绍“博书科技出版社”的演示文稿	思考：演示文稿的功能、特点有哪些				
2．知识讲授与操作演示	教师介绍 PowerPoint 的功能	认识了解 PowerPoint 的功能	集中	讲授、演示	投影屏幕	60
	演示创建与保存演示文稿	思考与其他办公软件的异同点				
	演示在幻灯片中绘制图形对象的方法	精神集中，仔细观察教师的演示操作				
	演示在幻灯片中插入图片与艺术字的方法	精神集中，仔细观察教师的演示操作				
	演示在幻灯片中使用文本框对象输入文本的方法	精神集中，仔细观察教师的演示操作				
3．学生讨论	巡视检查、记录 回答学生提问	讨论演示文稿的其他功能	分组（2人一组，随机组合）	头脑风暴	计算机	20
		尝试并掌握在幻灯片中绘制图形对象、插入图片与艺术字、使用文本框对象输入文本的方法	分组（2人一组，随机组合）	头脑风暴	计算机	
		展示研究成果	分组（2人一组，随机组合）	可视化	计算机、投影屏幕	
4．完成工作任务	巡视检查、记录	完成“博书科技出版社”首页的制作	独立	自主学习	计算机	60
5．总结评价与提高	根据先期观察记录，挑选出具有代表性的几个小组的最终成品，随机抽取学生对其进行初步点评	倾听点评	分组、集中	自主学习	计算机和投影屏幕	20
	对任务完成情况进行总结，拓展能力	倾听总结，对自己的整个工作任务的完成过程进行反思并书写总结报告	集中	讲授、归纳总结法	计算机和投影屏幕	

教学单元设计实施方案细则

1．任务提出（20 分钟）
教师提出具体的工作任务——博书科技出版社为了展示企业形象、扩大业务，在华中地区招开了一次图书发行会议。在此次会议上，安排了宣传演讲，要求使用演示文稿，通过投影仪向参会人员介绍出版社的基本情况，宣传出版社的企业文化，展示出版社的形象与实力。 首页是演示文稿的脸面，应包含企业的标志图标和企业名称，效果应做到图文并茂，具有吸引人“眼球”的效果。 使学生明确要完成的任务是通过制作“博书科技出版社”介绍演示文稿的首页掌握 PowerPoint 2007 的相关操作。 展示：教师展示介绍“博书科技出版社”的演示文稿首页。
2．知识讲授与操作演示（60 分钟）
（1）教师讲授 PowerPoint 的功能。 背景资料：PowerPoint 2007 简介 PowerPoint 是 Microsoft Office 系列软件中的重要组成部分，是一个优秀的演示文稿软件，专门制作辅助演讲所用的幻灯片，所以它的一个文件称为一个演示文稿。使用 PowerPoint 可以制作出集文字、图形、图像、声音和视频等多媒体元素为一体的演示文稿，让信息以更轻松、更高效的方式表达出来。中文版 PowerPoint 2007 在继承以前版本的强大功能的基础上，以全新的界面和便捷的操作模式引导用户制作图文并茂、声形兼备的多媒体演示文稿。 背景资料：演示文稿的设计主题与风格的统一 演示文稿的制作要依据主题决定其风格和形式。因为只有形式和内容的完美统一，才能达到理想的宣传效果。在幻灯片的风格制定过程中，不仅要突出该幻灯片的具体主题，还要能够反映出该领域的特色。例如，政府部门的幻灯片风格一般比较庄重，娱乐行业则可以活泼生动一些，文化教育部门的幻灯片风格应该高雅大方，商务则可以贴近民俗，使大众喜闻乐见。 当然，在具体的设计过程中，还应该做一些细节调整。其设计风格的形成依赖于具体版式设计、页面的色调处理以及图片与文字的组合形式等。 （2）教师演示创建与保存演示文稿。 提问：请随机组成小组（2 人一组），大家一起来思考与其他办公软件的异同点。 （3）教师演示在幻灯片中绘制图形对象的方法。 教师以“博书科技出版社”首页制作为教学情境，介绍在幻灯片中绘制图形对象的方法，并完成首页中图形的绘制任务。 （4）教师演示在幻灯片中插入图片与艺术字的方法。 教师以“博书科技出版社”首页制作为教学情境，介绍在幻灯片中插入图片与艺术字的方法，并完成在首页中插入图片与艺术字的任务。 （5）教师演示在幻灯片中使用文本框对象输入文本的方法。
3．学生讨论（20 分钟）
（1）学生随机每 3 人组成一个研究讨论小组，每组自行选出组长。由组长主持学习教师讲授与演示环节的操作方法。 （2）学生以小组为单位展示自己小组的研究成果。 （3）教师在此过程中不讲授任何内容，完全由学生带着问题自己来完成讨论过程，教师只充当咨询师的角色，并认真检查记录学生讨论的情况，便于考核学生。 （4）可与教师讲授环节交替进行。在每个讲授与演示环节之后安排学生分组讨论。
4．完成工作任务（60 分钟）

学生利用小组讨论掌握的方法，完成“博书科技出版社”首页的制作。
5．总结评价与提高（20分钟）
总结评价 （1）教师依据学生讨论及完成工作过程中的行动记录，挑选出具有代表性的几个小组的工作成果，随机抽取几个学生对其进行点评，说出优点与不足之处。 （2）教师总结与学生总结相结合。 （3）学生对自己完成的工作进行总结与反思，主要写出自己在小组讨论与完成工作任务过程中的收获，并提交书面总结报告。 提高 （1）使用模板创建演示文稿。老师先介绍模板的功能与使用方法，然后引导学生使用模板创建一个人简历演示文稿。 （2）幻灯片视图方式。让学生以不同视图方式显示幻灯片。

任务2——制作博书科技出版社介绍的其他幻灯片

教学单元设计实施方案

<table>
<tr><td colspan="2">教学单元名称</td><td colspan="2">制作博书科技出版社介绍的其他幻灯片</td><td>课时</td><td>4学时</td></tr>
<tr><td colspan="2" rowspan="2">所属章节</td><td colspan="2">第7章　制作演示文稿（PowerPoint 2007）</td><td rowspan="2">授课班级</td><td rowspan="2"></td></tr>
<tr><td colspan="2">学习单元7.1　创建、编辑与保存演示文稿</td></tr>
<tr><td colspan="2">任务描述</td><td colspan="4">制作完成“博书科技出版社”介绍的首页后，为了全面展示公司的其他信息与形象，需要对公司的目录、公司简介、公司理念、管理体系（组织结构）、服务范围、效益表格、精英团队、联系我们等内容进行介绍，每个内容通过若干张幻灯片进行组织。</td></tr>
<tr><td colspan="2">任务分析</td><td colspan="4">本次任务将完成上述演示文稿的除首页外的其他页面幻灯片的制作。完成本任务主要有以下操作：
● 打开演示文稿；
● 插入幻灯片并输入内容；
● 使用SmartArt图形制作公司组织结构图；
● 在幻灯片中应用表格；
● 放映幻灯片。</td></tr>
<tr><td rowspan="3">教学目标</td><td>方法能力</td><td>（1）能够有效地获取、利用和传递信息。
（2）能够在工作中寻求发现问题和解决问题的途径。
（3）能够独立学习，不断获取新的知识和技能。
（4）能够对所完成工作的质量进行正确评价。</td><td rowspan="3">考核方式</td><td colspan="2" rowspan="3">过程考核与终结考核
过程考核：小组设计成果（30%）、个人完成除首页外其他幻灯片的制作成果（30%）
终结考核：总结反思报告（40%）</td></tr>
<tr><td>社会能力</td><td>（1）能够与他人进行良好沟通，掌握一定的交流技巧，学会与人相处。
（2）做事认真、细致，有自制力和自控力。
（3）有较强的团队协作精神和环境意识。</td></tr>
<tr><td>专业能力</td><td>（1）能够在演示文稿中插入、复制、移动和删除幻灯片。
（2）能够使用SmartArt图形制作公司的组织结构图。
（3）能够在幻灯片中应用表格。
（4）能够放映幻灯片。</td></tr>
<tr><td>教学环境</td><td colspan="5">教学软硬件环境。
硬件环境：PC，投影屏幕等。
软件环境：Windows XP，Office 2007。</td></tr>
</table>

教学单元设计实施方案架构

<table>
<tr><th>教学内容</th><th>教师行动</th><th>学生行动</th><th>组织方式</th><th>教学方法</th><th>资源与媒介</th><th>时间（分钟）</th></tr>
<tr><td rowspan="2">1. 任务提出</td><td>教师解释具体工作任务</td><td>接受工作任务</td><td rowspan="2">集中</td><td rowspan="2">展示、引导文法</td><td rowspan="2">投影屏幕</td><td rowspan="2">10</td></tr>
<tr><td>展示：教师展示介绍“博书科技出版社”的演示文稿</td><td>思考：企业介绍的演示文稿一般包括哪些内容？如果介绍班级可以有哪些内容</td></tr>
<tr><td rowspan="5">2. 知识讲授与操作演示</td><td>演示打开与插入幻灯片的操作方法</td><td>精神集中，仔细观察教师的演示操作</td><td rowspan="5">集中</td><td rowspan="5">讲授、演示</td><td rowspan="5">投影屏幕</td><td rowspan="5">60</td></tr>
<tr><td>演示目录、公司简介、公司理念、服务范围、精英团队和联系我们幻灯片页面的制作方法</td><td>精神集中，仔细观察教师的演示操作</td></tr>
<tr><td>演示使用 SmartArt 图形制作公司组织结构图的操作方法</td><td>精神集中，仔细观察教师的演示操作</td></tr>
<tr><td>演示在幻灯片中应用表格的操作方法</td><td>精神集中，仔细观察教师的演示操作</td></tr>
<tr><td>演示放映幻灯片的操作方法</td><td>精神集中，仔细观察教师的演示操作</td></tr>
<tr><td rowspan="3">3. 学生讨论</td><td rowspan="3">巡视检查、记录回答学生提问</td><td>讨论新学习的知识与技能</td><td>分组（2 人一组，随机组合）</td><td>头脑风暴</td><td>计算机</td><td rowspan="3">30</td></tr>
<tr><td>尝试并掌握在幻灯片中使用 SmartArt 图形制作公司组织结构图、在幻灯片中应用表格和放映幻灯片的操作方法</td><td>分组（2 人一组，随机组合）</td><td>头脑风暴</td><td>计算机</td></tr>
<tr><td>展示讨论成果</td><td>分组（2 人一组，随机组合）</td><td>可视化</td><td>计算机、投影屏幕</td></tr>
<tr><td>4. 完成工作任务</td><td>巡视检查、记录</td><td>完成“博书科技出版社”演示文稿的“目录“、“公司简介”、“公司理念”、“服务范围”、“精英团队”和“联系我们”等幻灯片页面的制作</td><td>独立</td><td>自主学习</td><td>计算机</td><td>60</td></tr>
</table>

5. 总结评价与提高	根据先期观察记录，挑选出具有代表性的几个小组的最终成品，随机抽取学生对其进行初步点评	倾听点评	分组、集中	自主学习	计算机和投影屏幕	20
	对任务完成情况进行总结，拓展能力	倾听总结，对自己的整个工作任务的完成过程进行反思并书写总结报告	集中	讲授、归纳总结法	计算机和投影屏幕	

教学单元设计实施方案细则

1．任务提出（10分钟）
教师提出具体的工作任务——制作完成“博书科技出版社”介绍的首页后，为了全面展示公司其他信息与形象，需要对公司的目录、公司简介、公司理念、管理体系（组织结构）、服务范围、效益表格、精英团队、联系我们等内容进行介绍，每个内容通过若干张幻灯片进行组织。 使学生明确要完成的任务是通过制作“博书科技出版社”介绍除首页外的其他页面幻灯片，掌握 PowerPoint 2007 的相关操作。 展示：教师展示介绍“博书科技出版社”的演示文稿。
2．知识讲授与操作演示（60分钟）
（1）演示打开与插入幻灯片的操作方法。 背景资料：打开演示文稿 要编辑过去已保存过的演示文稿，必须先将该演示文稿打开，打开演示文稿就是将演示文稿文件从外存储器中调入内存并显示出来的过程。操作方法是，单击“Office 按钮”，选择“打开”选项，在“打开”对话框中选择保存在“我的文档”文件夹中的“博书科技出版社介绍.pptx”演示文稿文件，单击“打开”按钮即可。 背景资料：插入幻灯片 在幻灯片浏览窗格中，选定要插入新幻灯片位置之前的幻灯片，然后单击“开始”选项卡“幻灯片”组中“新建幻灯片”功能按钮右下角的箭头，系统将弹出幻灯片版式窗格，在该窗格中单击“空白”版式，插入一张新的空白幻灯片。 课堂讨论：使用复制操作添加幻灯片与使用“新建幻灯片”功能按钮插入幻灯片有什么不同？ （2）演示目录、公司简介、公司理念、服务范围、精英团队和联系我们幻灯片页面的制作方法。 （3）演示使用 SmartArt 图形制作公司组织结构图的操作方法。 教师以“博书科技出版社”的“博书管理体系”幻灯片页面的制作为教学情境，介绍在幻灯片中使用 SmartArt 图形制作公司组织结构图的操作方法，并完成在演示文稿中制作“博书管理体系”幻灯片页面的实际任务。 （4）演示在幻灯片中应用表格的操作方法。 教师以“博书科技出版社”的“服务范围”幻灯片页面的制作为教学情境，介绍在幻灯片中应用表格的操作方法，并完成在演示文稿中制作“服务范围”幻灯片页面的实际任务。 （5）演示放映幻灯片的操作方法。 教师以“博书科技出版社”演示文稿为教学情境，介绍放映幻灯片的操作方法。
3．学生讨论（30分钟）
（1）学生随机每3人组成一个讨论小组，每组自行选出组长。由组长主持学习教师讲授与演示环节的操作方法。 （2）学生以小组为单位展示自己小组的研究成果。 （3）教师在此过程中不讲授任何内容，完全由学生带着问题自己来完成讨论过程，教师只充当咨询师的角色，并认真检查记录学生讨论的情况，便于考核学生。 （4）可与教师讲授环节交替进行，在每个讲授与演示环节之后安排学生分组讨论。
4．完成工作任务（60分钟）
学生利用小组讨论掌握的方法，完成“博书科技出版社”除首页外的其他页面的制作。
5．总结评价与提高（20分钟）

总结评价

（1）教师依据学生讨论及完成工作过程中的行动记录，挑选出具有代表性的几个小组的工作成果，随机抽取几个学生对其进行点评，说出优点与不足之处。

（2）教师总结与学生总结相结合。

（3）学生对自己完成的工作进行总结与反思，主要写出自己在小组讨论与完成工作任务过程中的收获，并提交书面总结报告。

提高

（1）使用母版编辑幻灯片。介绍母版的作用与使用方法。

课堂讨论：演示文稿中哪些内容可以使用母版进行制作？

（2）在幻灯片中应用图表。

任务 3——增加演示文稿的多媒体效果

教学单元设计实施方案

<table>
<tr><td colspan="2">教学单元名称</td><td>增加演示文稿的多媒体效果</td><td>课时</td><td>2 学时</td></tr>
<tr><td colspan="2" rowspan="2">所属章节</td><td>第 7 章　制作演示文稿（PowerPoint 2007）</td><td rowspan="2">授课班级</td><td rowspan="2"></td></tr>
<tr><td>学习单元 7.2　修饰与设置演示文稿的放映效果</td></tr>
<tr><td colspan="2">任务描述</td><td colspan="3">为了增强演示文稿的修饰效果，可以在演示文稿中添加声音、视频等多媒体对象。例如，我们可以在“博书科技出版社”介绍的演示文稿的首页幻灯片中添加背景音乐，在演示文稿中插入出版社的介绍视频等，以增强介绍效果。</td></tr>
<tr><td colspan="2">任务分析</td><td colspan="3">本次任务将在“博书科技出版社”介绍的演示文稿的首页幻灯片中添加背景音乐，在演示文稿中插入出版社的介绍视频。完成本任务主要有以下操作：
● 在演示文稿中插入声音；
● 在演示文稿中插入视频；
● 设置影片和声音的播放方式；
● 在幻灯片中插入 Flash 动画。</td></tr>
<tr><td rowspan="3">教学目标</td><td>方法能力</td><td>（1）能够有效地获取、利用和传递信息。
（2）能够在工作中寻求发现问题和解决问题的途径。
（3）能够独立学习，不断获取新的知识和技能。
（4）能够对所完成工作的质量进行正确评价。</td><td rowspan="3">考核方式</td><td rowspan="3">过程考核与终结考核
过程考核：小组设计成果（30%）、个人完成在幻灯片中插入声音与视频的制作成果（30%）
终结考核：总结反思报告（40%）</td></tr>
<tr><td>社会能力</td><td>（1）能够与他人进行良好沟通，掌握一定的交流技巧，学会与人相处。
（2）做事认真、细致，有自制力和自控力。
（3）有较强的团队协作精神和环境意识。</td></tr>
<tr><td>专业能力</td><td>（1）能够在演示文稿中插入声音、视频与 Flash 动画等对象。
（2）能够对插入的声音等对象进行属性设置。</td></tr>
<tr><td>教学环境</td><td colspan="4">教学软硬件环境。
硬件环境：PC，投影屏幕等。
软件环境：Windows XP，Office 2007。</td></tr>
</table>

教学单元设计实施方案架构

教学内容	教师行动	学生行动	组织方式	教学方法	资源与媒介	时间（分钟）
1. 任务提出	教师解释具体工作任务	接受工作任务	集中	展示、引导文法	投影屏幕	10
	展示：教师展示介绍“博书科技出版社”的演示文稿中已插入声音与视频后的幻灯片效果					
2. 知识讲授与操作演示	演示为首页幻灯片添加背景音乐的操作方法	精神集中，仔细观察教师的演示操作	集中	讲授、演示	投影屏幕	25
	演示添加博书出版社介绍视频的制作方法	精神集中，仔细观察教师的演示操作				
	演示设置声音、视频对象选项的操作方法	精神集中，仔细观察教师的演示操作				
3. 学生讨论	巡视检查、记录 回答学生提问	讨论新学习的知识与技能	分组（2人一组，随机组合）	头脑风暴	计算机	15
		尝试并掌握在幻灯片中插入声音、视频等对象的操作方法	分组（2人一组，随机组合）	头脑风暴	计算机	
		展示讨论成果	分组（2人一组，随机组合）	可视化	计算机、投影屏幕	
4. 完成工作任务	巡视检查、记录	完成在“博书科技出版社”演示文稿中插入声音与视频，并进行相应属性设置的操作	独立	自主学习	计算机	25
5. 总结评价与提高	根据先期观察记录，挑选出具有代表性的几个小组的最终成果，随机抽取学生对其进行初步点评	倾听点评	分组、集中	自主学习	计算机和投影屏幕	15
	对任务完成情况进行总结，拓展能力	倾听总结，对自己的整个工作任务的完成过程进行反思并书写总结报告	集中	讲授、归纳总结法	计算机和投影屏幕	

教学单元设计实施方案细则

1．任务提出（10 分钟）
教师提出具体的工作任务——为了增强演示文稿的修饰效果，可以在演示文稿中添加声音、视频等多媒体对象。例如，我们可以在“博书科技出版社”介绍的演示文稿的首页幻灯片中添加背景音乐，在演示文稿中插入出版社的介绍视频等，以增强介绍效果。 使学生明确要完成的任务是在“博书科技出版社”介绍的演示文稿的首页幻灯片中添加背景音乐，在演示文稿中插入出版社的介绍视频。 展示：教师展示介绍“博书科技出版社”的演示文稿首页与出版社视频幻灯片。
2．知识讲授与操作演示（25 分钟）
（1）演示为首页幻灯片添加背景音乐的操作方法。 课堂讨论：PowerPoint 2007 是否支持任何格式的声音文件？ （2）演示添加博书出版社介绍视频的制作方法。 课堂讨论：PowerPoint 2007 是否支持任何格式的视频文件？ （3）演示设置声音、视频对象选项的操作方法。
3．学生讨论（15 分钟）
（1）学生随机每 3 人组成一个讨论小组，每组自行选出组长。由组长主持学习教师讲授与演示环节的操作方法。 （2）学生以小组为单位展示自己小组的研究成果。 （3）教师在此过程中不讲授任何内容，完全由学生带着问题自己来完成讨论过程，教师只充当咨询师的角色，并认真检查记录学生讨论的情况，便于考核学生。 （4）可与教师讲授环节交替进行。在每个讲授与演示环节之后安排学生分组讨论。
4．完成工作任务（25 分钟）
学生利用小组讨论掌握的方法，完成实际任务。
5．总结评价与提高（15 分钟）
总结评价 （1）教师依据学生讨论及完成工作过程中的行动记录，挑选出具有代表性的几个小组的工作成果，随机抽取几个学生对其进行点评，说出优点与不足之处。 （2）教师总结与学生总结相结合。 （3）学生对自己完成的工作进行总结与反思，主要写出自己在小组讨论与完成工作任务过程中的收获，并提交书面总结报告。 提高 在幻灯片中插入 Flash 影片。 课堂讨论：如何实现在放映幻灯片的同时自动播放 Flash 影片？

任务 4——设置演示文稿的放映效果

教学单元设计实施方案

<table>
<tr><td colspan="2">教学单元名称</td><td>设置演示文稿的放映效果</td><td>课时</td><td>2 学时</td></tr>
<tr><td colspan="2" rowspan="2">所属章节</td><td>第 7 章　制作演示文稿（PowerPoint 2007）</td><td rowspan="2">授课班级</td><td rowspan="2"></td></tr>
<tr><td>学习单元 7.2　修饰与设置演示文稿的放映效果</td></tr>
<tr><td colspan="2">任务描述</td><td colspan="3">演示文稿制作完成以后，可以通过设置自定义动画、幻灯片的切换效果、超链接、动作按钮等效果，增强演示文稿的放映效果，使听讲人对演示文稿的内容留下更深刻的印象。</td></tr>
<tr><td colspan="2">任务分析</td><td colspan="3">完成本任务主要有以下操作：
● 设置幻灯片中对象的动画效果；
● 设置幻灯片之间的切换效果；
● 使用超链接；
● 添加动作按钮。</td></tr>
<tr><td rowspan="3">教学目标</td><td>方法能力</td><td>（1）能够有效地获取、利用和传递信息。
（2）能够在工作中寻求发现问题和解决问题的途径。
（3）能够独立学习，不断获取新的知识和技能。
（4）能够对所完成工作的质量进行正确评价。</td><td rowspan="3">考核方式</td><td rowspan="3">过程考核与终结考核
过程考核：小组设计成果（30%）、个人完成在幻灯片中设置动作按钮等制作成果（30%）
终结考核：总结反思报告（40%）</td></tr>
<tr><td>社会能力</td><td>（1）能够与他人进行良好沟通，掌握一定的交流技巧，学会与人相处。
（2）做事认真、细致，有自制力和自控力。
（3）有较强的团队协作精神和环境意识。</td></tr>
<tr><td>专业能力</td><td>（1）能够设置幻灯片中对象的自定义动画效果。
（2）能够设置幻灯片在播放时的切换效果。
（3）能够通过设置超链接或动作按钮实现幻灯片间的跳转。
（4）能够通过打包幻灯片实现在没有安装 PowerPoint 环境的计算机中播放演示文稿的效果。
（5）能够打印幻灯片。</td></tr>
<tr><td>教学环境</td><td colspan="4">教学软硬件环境。
硬件环境：PC，投影屏幕等。
软件环境：Windows XP，Office 2007。</td></tr>
</table>

教学单元设计实施方案架构

教学内容	教师行动	学生行动	组织方式	教学方法	资源与媒介	时间（分钟）
1．任务提出	教师解释具体工作任务	接受工作任务	集中	展示、引导文法	投影屏幕	10
	展示：教师展示介绍“博书科技出版社”演示文稿中超链接、动作按钮、幻灯片切换等效果					
2．知识讲授与操作演示	根据“博书科技出版社”演示文稿示例，演示设置幻灯片中对象的动画效果的操作方法	精神集中，仔细观察教师的演示操作	集中	讲授、演示	投影屏幕	25
	根据“博书科技出版社”演示文稿示例，演示设置幻灯片之间切换效果的制作方法	精神集中，仔细观察教师的演示操作				
	根据“博书科技出版社”演示文稿示例，演示设置超链接的操作方法	精神集中，仔细观察教师的演示操作				
	根据“博书科技出版社”演示文稿示例，演示设置动作按钮的操作方法	精神集中，仔细观察教师的演示操作				
3．学生讨论	巡视检查、记录回答学生提问	讨论新学习的知识与技能	分组（2人一组，随机组合）	头脑风暴	计算机	15
		尝试并掌握在幻灯片中设置对象动画效果、添加超链接、添加动作按钮、设置幻灯片切换效果的操作方法	分组（2人一组，随机组合）	头脑风暴	计算机	
		展示讨论成果	分组（2人一组，随机组合）	可视化	计算机、投影屏幕	

<table>
<tr><td>4．完成工作任务</td><td>巡视检查、记录</td><td>根据“博书科技出版社”演示文稿示例，完成相应的动画效果、超链接、动作按钮、幻灯片切换效果的操作</td><td>独立</td><td>自主学习</td><td>计算机</td><td>25</td></tr>
<tr><td rowspan="2">5．总结评价与提高</td><td>根据先期观察记录，挑选出具有代表性的几个小组的最终成品，随机抽取学生对其进行初步点评</td><td>倾听点评</td><td>分组、集中</td><td>自主学习</td><td>计算机和投影屏幕</td><td rowspan="2">15</td></tr>
<tr><td>对任务完成情况进行总结，拓展能力</td><td>倾听总结，对自己的整个工作任务的完成过程进行反思并书写总结报告</td><td>集中</td><td>讲授、归纳总结法</td><td>计算机和投影屏幕</td></tr>
</table>

教学单元设计实施方案细则

1．任务提出（10 分钟）
教师提出具体的工作任务——演示文稿制作完成以后，可以通过设置自定义动画、幻灯片的切换效果、超链接、动作按钮等效果，增强演示文稿的放映效果，使听讲人对演示文稿的内容留下更深刻的印象。 使学生明确要完成的任务是根据“博书科技出版社”介绍演示文稿示例，在演示文稿中添加动画效果、幻灯片的切换效果、超链接、动作按钮等。 展示：教师展示介绍“博书科技出版社”的演示文稿中的效果。
2．知识讲授与操作演示（25 分钟）
（1）根据“博书科技出版社”演示文稿示例，演示设置幻灯片中对象的动画效果的操作方法。 （2）根据“博书科技出版社”演示文稿示例，演示设置幻灯片之间切换效果的制作方法。 （3）根据“博书科技出版社”演示文稿示例，演示设置超链接的操作方法。 （4）根据“博书科技出版社”演示文稿示例，演示设置动作按钮的操作方法。
3．学生讨论（15 分钟）
（1）学生随机每 3 人组成一个讨论小组，每组自行选出组长。由组长主持学习教师讲授与演示环节的操作方法。 （2）学生以小组为单位展示自己小组的研究成果。 （3）教师在此过程中不讲授任何内容，完全由学生带着问题自己来完成讨论过程，教师只充当咨询师的角色，并认真检查记录学生讨论的情况，便于考核学生。 （4）可与教师讲授环节交替进行，在每个讲授与演示环节之后安排学生分组讨论。
4．完成工作任务（25 分钟）
学生利用小组讨论掌握的方法，完成实际任务。
5．总结评价与提高（15 分钟）
总结评价 （1）教师依据学生讨论及完成工作过程中的行动记录，挑选出具有代表性的几个小组的工作成果，随机抽取几个学生对其进行点评，说出优点与不足之处。 （2）教师总结与学生总结相结合。 （3）学生对自己完成的工作进行总结与反思，主要写出自己在小组讨论与完成工作任务过程中的收获，并提交书面总结报告。 提高 （1）打包演示文稿。 打包不仅能自动检测演示文稿中的链接文件及路径，而且可以自动创建相应的文件夹，并将这些文件复制到文件夹中。打包的一个重要作用是使演示文稿在没有安装 PowerPoint 环境的计算机中仍然可以正常播放。 （2）打印演示文稿。

下篇　职 业 模 块

项目 1　文字录入训练

任务——制作个人简历

教学单元设计实施方案

<table>
<tr><td colspan="2">教学单元名称</td><td colspan="2">任务——制作个人简历</td><td>课时</td><td>2 学时</td></tr>
<tr><td colspan="2">任务描述</td><td colspan="4">每个学生都会经历毕业、找工作、步入工作岗位的过程。面对竞争激烈的社会，多年寒窗苦读的你，虽已积累了丰富的知识财富，但如何才能让用人单位在第一时间认识你、对你产生浓厚的兴趣，并给你宝贵的面试机会呢？相信这一定需要一份优秀的“个人简历”来帮你完成这关键的第一步。</td></tr>
<tr><td colspan="2">任务分析</td><td colspan="4">根据任务需求，完成本项目中“简历”的设置需运用到以下知识点。
（1）“简历”样式的设计、内容的勾画。
（2）选择适合自己的输入法。
（3）保存“简历”以备打印之用。</td></tr>
<tr><td rowspan="3">教学目标</td><td>方法能力</td><td>（1）能够有效地获取、利用和传递信息。
（2）能够在工作中寻求发现问题和解决问题的途径。
（3）能够独立学习，不断获取新的知识和技能。
（4）能够对所完成工作的质量进行自我控制，并做出正确评价。</td><td rowspan="3" colspan="2">考核方式</td><td rowspan="3">过程性考核与终结考核。
过程考核：小组设计“简历”成果（30%）、小组自荐书成果（30%）。
终结考核：总结反思报告（40%）。</td></tr>
<tr><td>社会能力</td><td>（1）在工作中能够良好沟通，掌握一定的交流技巧。
（2）公正、坦诚、乐于助人，学会与人相处。
（3）做事认真、细致，有自制力和自控力。
（4）有较强的团队协作精神和环境意识。
（5）有较强的语言组织能力。</td></tr>
<tr><td>专业能力</td><td>（1）能熟练掌握一种输入法操作。
（2）能采用 Word 2007“简历模板”录入简历表。
（3）能新建 Word 文档，参照样文录入内容。
（4）能根据要求保存文档。</td></tr>
<tr><td>教学环境</td><td colspan="5">为每位学生配备的计算机应具备如下的软硬件环境。
软件环境：Windows XP，Office 2007，多媒体教学软件。
硬件环境：打印机（纸张）、白板笔、投影屏幕、展示板。</td></tr>
</table>

教学单元设计实施方案架构

教学内容	教师行动	学生行动	组织方式	教学方法	资源与媒介	时间（分）
1．任务提出	教师解释具体工作任务	接受工作任务	集中分组	引导文法	投影屏幕	10
	提问：假设今天你已经顺利完成学业，即将走上社会，你会为自己准备一份怎样的个人简历	思考、讨论并规划个人简历内容				
	教师讲解：简历涉及的相关信息	探讨、记录				
2．知识讲授与操作演示	教师讲解任务的具体步骤，使学生对任务的具体步骤有更清晰的认识	进一步了解任务的具体步骤	集中	讲授	投影屏幕	15
	演示：打开 Word 程序	精神集中，仔细观察教师的演示操作				
	演示：利用简历向导制作简历	精神集中，仔细观察教师的演示操作				
	演示：录入简历、自荐书内容的方法	精神集中，仔细观察教师的演示操作				
	演示：保存简历	精神集中，仔细观察教师的演示操作				
3．学生讨论	巡视检查、记录、回答学生提问	学生分组讨论	分组（两人一组，随机组合）	头脑风暴	计算机	10
4．完成工作任务	巡视检查、记录、回答学生提问	启动计算机，完成简历、自荐书的录入操作	分组独立	自主学习	计算机	40
5．总结评价与提高	根据前期观察记录，挑选出具有代表性的几个小组的最终成品，打印成稿，并进行自评、互评	学生自评、互评，教师最后总结点评	分组、集中	自主学习	计算机、打印机、展示屏和投影屏幕	15
	对任务完成情况进行总结（如快捷键等），拓展能力	倾听总结，对自己的整个工作任务的完成过程进行反思，并完成总结报告	集中	讲授、归纳总结法	计算机和投影屏幕	

教学单元设计实施方案细则

1．任务提出（10 分钟）
教师提出具体的工作任务——每个莘莘学子都会经历毕业、找工作、步入工作岗位的过程。面对竞争激烈的社会，多年寒窗苦读的你，虽已经积累了丰富的知识财富，但如何才能让用人单位在第一时间认识你、对你产生浓厚的兴趣，并给你宝贵的面试机会呢？相信这一定需要一份优秀的“个人简历”来帮你完成这关键的第一步。 使学生明确要制作个人简历这个任务的作用，以及涉及的信息。 提问：个人简历包括哪些内容？
2．知识讲授与操作演示（15 分钟）
（1）教师总结、分析简历涉及内容。 （2）教师讲解任务的具体步骤。 分解步骤 步骤 1：启动 Word 2007。 步骤 2：通过简历向导建立表格式简历。 步骤 3：输入简历内容。 步骤 4：检查核对内容。 步骤 5：保存文档。 （3）教师演示简历制作的基本操作过程，包含启动 Word、建立表格式简历、输入简历内容、保存简历操作的全过程。
3．学生讨论（10 分钟）
（1）学生随机每两人组成一个研究讨论小组，确定输入法和输入内容。 （2）小组确定简历的样式，操作分工情况。 （3）教师在此过程中不讲授任何内容，完全由学生带着问题自己来完成讨论过程，教师只充当咨询师的角色，并认真检查记录学生讨论的情况，以便于考核学生。
4．完成工作任务（40 分钟）
学生利用小组讨论掌握的方法，分工完成“简历”、“自荐书”的录入操作，然后再完成整个简历制作的后续工作，最后保存成果。 注：教师要仔细观察学生的操作过程，看看是否有其他拓展方式。
5．总结评价与提高（15 分钟）
总结评价
（1）教师总结与学生总结相结合，操作过程中遇到的问题，先请学生来解释问题产生的原因，以及解决的方法。 教师总结：输入方法的切换，标点符号、特殊符号的输入。 （2）教师通过对学生的行动记录，挑选出具有代表性的几个小组的工作成果打印成稿，请学生自评、互评，说出作品的优缺点，最后教师总结。 （3）学生对自己完成的工作进行总结与反思，主要写出自己在小组讨论与完成工作任务的过程中的收获，并提交书面总结报告。 提高 能灵活运用软键盘输入特殊符号，可酌情给予 3～5 分的加分。

项目2　组装个人计算机

教学单元设计实施方案

<table>
<tr><td colspan="2">教学单元名称</td><td>组装个人计算机</td><td>课时</td><td>4学时</td></tr>
<tr><td colspan="2">项目描述</td><td colspan="3">小徐是计算机专业一年级的学生，家中有一台前几年购置的计算机，随着近几年计算机软硬件的高速发展，原先的计算机已经日渐落后，无法使用，但是品牌计算机价格昂贵、性价比不高。因此小徐考虑自己组装一台计算机，以满足学习、娱乐等多方面的需求。</td></tr>
<tr><td colspan="2">项目分析</td><td colspan="3">该项目通过4个小任务完成学生个人计算机的组装、维护。
任务1：根据小徐的需求，列出计算机配置清单，去计算机配件市场购置各种配件，完成计算机硬件的组装。
任务2：为组装完成的计算机安装Windows XP操作系统，同时安装部分硬件驱动程序。
任务3：为有效防止病毒等有害软件的入侵，必须完成计算机系统的设置及杀毒软件的安装。
任务4：在完成所有的安装工作后，为防止系统的意外崩溃，需要对系统进行及时的备份，为以后系统还原做准备。</td></tr>
<tr><td rowspan="3">教学目标</td><td>方法能力</td><td>（1）能够有效地获取、利用和传递信息。
（2）能够在学习中寻求发现问题和解决问题的途径。
（3）能够独立学习，不断获取新的知识和技能。
（4）能够对所完成工作的质量进行自我控制及正确评价。</td><td rowspan="3">考核方式</td><td rowspan="3">过程考核与终结考核
过程考核：小组合作（30%）、个人完成实训报告（30%）
终结考核：总结反思报告（40%）</td></tr>
<tr><td>社会能力</td><td>（1）在工作中能够进行良好的沟通，并掌握一定的交流技巧。
（2）公正坦诚、乐于助人，学会与人相处。
（3）做事认真、细致，有自制力和自控力。
（4）有较强的团队协作精神和环境意识。</td></tr>
<tr><td>专业能力</td><td>（1）能根据用户需求合理选择计算机配件。
（2）能熟练组装一台计算机，并进行必要的测试。
（3）能熟练安装计算机的操作系统和常用的应用软件。
（4）能熟练完成系统的备份和恢复。</td></tr>
<tr><td>教学环境</td><td colspan="4">硬件环境：给学生配备组装个人计算机的配件。
软件环境：Windows XP安装盘、各种应用软件。</td></tr>
</table>

教学单元设计实施方案架构

教学内容	教师行动	学生行动	组织方式	教学方法	资源与媒介	时间（分）
1．项目提出	教师解释具体工作任务	接受工作任务	集中	引导文法	投影屏幕，播放相关组装视频	10
	提问：有多少学生能独立完成个人计算机的组装	如实回答				
2．知识讲授与操作演示	教师要求学生到计算机市场调查计算机配件或引导学生在个人购机网上完成配置单 教师演示组装过程	到计算机市场调查或在网上调查 精神集中，仔细观察教师的演示操作	集中	讲授 参观 演示	Internet 网络 投影屏幕	40
	教师演示系统安装和驱动程序安装的过程	精神集中，仔细观察教师的演示操作	集中	演示 讲授	投影屏幕 计算机	40
	教师演示常用软件和杀毒软件的安装及使用方法	精神集中，仔细观察教师的演示操作	集中	演示 讲授	投影屏幕 计算机	40
	教师演示系统的备份	精神集中，仔细观察教师的演示操作	集中	演示 讲授	投影屏幕 计算机	40
3．学生讨论	回答学生提问 指导学生实验	分小组完成	分组（两人一组，随机组合）	讲授 实验 演示	投影屏幕 计算机	15
4．完成工作任务	巡视检查、记录	完成实验报告	独立	自主学习	计算机	20
5．总结评价与提高	根据先期观察记录，挑选出具有代表性的几个小组的最终成品，随机抽取学生对其进行初步点评	倾听点评	分组、集中	自主学习	计算机和投影屏幕	40
	对任务完成情况进行总结	倾听总结，对自己的整个工作任务的完成过程进行反思，并书写总结报告	集中	讲授、归纳总结法	计算机和投影屏幕	

教学单元设计实施方案细则

1．项目提出（10 分钟）
教师提出具体的工作任务——小徐是计算机专业一年级的学生，家中有一台前几年购置的计算机，随着近几年计算机软硬件的高速发展，原先的计算机已经日渐落后，无法使用，但是品牌计算机价格昂贵、性价比不高。因此小徐考虑自己组装一台计算机，以满足学习、娱乐等多方面的需求。 使学生明确要完成组装个人计算机这样一个项目。 提问：学生是否想单独完成一台个人计算机的组装？
2．知识讲授与操作演示（160 分钟/4 个任务每个任务 40 分钟）
任务 1 背景资料：计算机的组装 组装个人计算机这个项目主要是让学生掌握硬件的拆装，以及操作系统与其他应用软件的安装、测试和使用。学生通过本项目的学习，应具有计算机组装、维修和维护等基本技能，能跟进计算机技术的最新发展趋势，适应行业相应岗位的需求。以往由于受到教学条件的影响和硬件设备的限制，个人计算机组装多是“纸上谈兵”，通常只是在介绍了 CPU、主板、显卡及一些外设的型号、品牌、技术指标后，再进行一些与实际相差甚远的硬件组装，且不说记住一大堆的理论数据有多么困难，就算是记住了一大堆的技术参数，等走上社会后也早就过时了。学生缺乏实际动手能力的训练，所以走上工作岗位以后，面对计算机也是局限于有限的课本知识及一些简单的应用操作，再加上日新月异的计算机操作系统，一旦计算机系统出现故障，根本无从下手解决！如何改变现状，使学生能适用社会、服务于社会？只有改革传统的计算机教学模式，探索顺应现代化教学需要的新教学方式，才能培养出合格的实用人才。 活动安排： （1）学生完成个人计算机配置调查表。 （2）教师带领学生完成计算机的组装。 （3）用专门的测试软件完成各个硬件的测试。 任务 2 背景资料：Windows XP 系统和驱动程序的安装 Windows XP 是微软公司发布的一款视窗操作系统。它发行于 2001 年 10 月 25 日，原来的名称是 Whistler。 微软最初发行了两个版本，家庭版（Home）和专业版（Professional）。家庭版的消费对象是家庭用户，专业版则在家庭版的基础上添加了新的为面向商业而设计的网络认证、双处理器等特性。且家庭版只支持 1 个处理器，专业版则支持 2 个。字母 XP 表示“体验”（Experience）的意思。 Windows XP 是基于 Windows 2000 代码的产品，它同时拥有一个新的用户图形界面，叫做月神（Luna）。它包括了一些细微的修改，其中一些看起来是从 Linux 的桌面环境（如 KDE）中获得的灵感，带有用户图形的登录界面就是一个例子。此外，Windows XP 还引入了一个“基于任务”的用户界面，使得工具条可以访问任务的具体细节。 它包括了简化了的 Windows 2000 的用户安全特性，并整合了防火墙，以用来解决长期以来一直困扰微软的安全问题。 Windows XP 的最低系统要求：计算机使用时钟频率为 300MHz 或更高的处理器；使用 Intel Pentium/Celeron 系列、AMD K6/Athlon/Duron 系列或兼容的处理器；使用 128MB 或更高 RAM（最低支持 64MB，但可能会影响性能和某些功能）；1.5GB 可用硬盘空间；SuperVGA 或分辨率更高的视频适配器和监视器；CD 或 DVD 驱动器；键盘和 Microsoft 鼠标或兼容的指针设备。

活动安排：

（1）教师演示操作系统和部分驱动程序的安装。

（2）学生分组完成安装，并完成相应的实训报告。

任务3 背景资料：应用软件的安装

超级兔子是一个完整的系统维护工具，可以清理大多数的文件及注册表里面的垃圾，同时还有超强的软件卸载功能，专业的卸载可以清除一个软件在计算机内的所有记录。

超级兔子共有 8 大组件，可以优化、设置系统大多数的选项，打造一个属于自己的Windows。超级兔子上网精灵具有 IE 修复、IE 保护、恶意程序检测及清除工能，还能防止其他人浏览网站、阻挡色情网站，以及过滤端口。超级兔子系统检测可以检测一台计算机的 CPU、显卡、硬盘的速度，由此确定计算机的稳定性及速度。另外，它还有磁盘修复及键盘检测功能。超级兔子进程管理器具有网络、进程、窗口查看方式，同时超级兔子网站提供了大多数进程的详细信息，是国内最大的进程库。超级兔子安全助手可以隐藏磁盘、加密文件。超级兔子系统备份是国内唯一能完整保存 Windows XP 注册表的软件，从而彻底解决了系统方面的问题。

卡巴斯基是俄罗斯民用最多的杀毒软件。

卡巴斯基有很高的警觉性，它会提示所有具有危险行为的进程或者程序，因此很多正常程序也会被提醒进行确认操作。其实只要使用一段时间，把正常程序添加到卡巴斯基的信任区域就可以了。在杀毒软件的历史上，有这样一个世界纪录，让一个杀毒软件的扫描引擎在不使用病毒特征库的情况下，扫描一个包含当时已有的所有病毒的样本库。结果是，仅仅靠“启发式扫描”技术，该引擎就创造了 95%检出率的纪录。这个纪录，就是由 AVP 创造的。卡巴斯基总部设在俄罗斯首都莫斯科，Kaspersky Labs 是国际著名的信息安全领导厂商。公司为个人用户、企业网络提供反病毒、防黑客和反垃圾邮件产品。经过 14 年与计算机病毒的战斗，它被众多计算机专业媒体及反病毒专业评测机构誉为病毒防护的最佳产品。1989 年，Eugene Kaspersky 开始研究计算机病毒现象。从 1991 年到 1997 年，他在俄罗斯大型计算机公司“KAMI”的信息技术中心，带领一批助手研发出了 AVP 反病毒程序。Kaspersky Lab 于 1997 年成立，Eugene Kaspersky 是创始人之一。2000 年 11 月，AVP 更名为 Kaspersky Anti-Virus。Eugene Kaspersky 是计算机反病毒研究员协会（CARO）的成员。

活动安排：

（1）教师演示超级兔子和卡巴斯基的安装、使用过程和方法。

（2）学生练习安装、使用超级兔子和卡巴斯基对系统进行维护。

任务4 背景资料：系统备份

Ghost 的开发者 Symantec 公司在 2005 年收购了著名的 Power Quest 公司，所以 Power Quest 公司旗下的 Drive Image 中的很多先进技术都被应用到了 Ghost 9.0 中。Ghost 9.0 已完全抛弃了原有的基于 DOS 环境的内核，其全新的“Hot Image”技术可以让用户直接在 Windows 环境下，对系统分区进行热备份，而无须关闭 Windows 系统。它新增的增量备份功能，可以将磁盘上新近变更的信息添加到原有的备份镜像文件中，让用户不必再反复执行整盘备份的操作。它还可以在不启动 Windows 的情况下，通过光盘启动来完成分区的恢复操作，十分方便。

活动安排：

（1）教师安装 Symantec Norton Ghost 9.0 软件并进行操作，完成对系统的备份。

（2）学生练习安装 Symantec Norton Ghost 9.0 软件并完成系统的备份。

3．学生讨论（15 分钟）

（1）学生随机每 4 人组成一个研究讨论小组，每组自行选出组长。

（2）学生以小组为单位展示自己小组的项目成果。

（3）教师在此过程中不讲授任何内容，完全由学生带着问题自己来完成讨论过程；教师只充当咨询师的角色，并认真检查、记录学生讨论的情况，以便考核学生。

4．完成工作任务（20 分钟）

学生分组完成本项目的 4 个任务，讨论实验的成败所在，总结出实施项目的经验，并完成相应的实训报告。

5．总结评价与提高（40 分钟）

总结评价

（1）教师依据学生讨论及完成工作过程中的行动记录，挑选出具有代表性的几个小组的工作成果，随机抽取几个学生对其进行点评，说出优点与不足之处。

教师总结：市场调查能提高学生对硬件的理论掌握能力，完成个人计算机的组装不仅能使学生学到知识，更能很好地表现学生的团队合作意识。

（2）教师总结与学生总结相结合，讨论问题所在。

（3）学生对自己完成的工作进行总结与反思，主要写出自己在小组讨论与完成工作项目的过程中的收获，并提交书面总结报告。

提高

实验完成后能独立思考并总结实验成败的学生，酌情给予加分。

项目3 组建办公室（家庭）网络

教学单元设计实施方案

<table>
<tr><td colspan="2">项目名称</td><td>组建办公室网络</td><td>课时</td><td>8学时</td></tr>
<tr><td colspan="2">项目描述</td><td colspan="3">某小公司有一个经理和三个员工，因为工作的需要，公司给每个人配备了一台 PC。因为公司业务的需要，经常要在每个人之间共享一些资料文件，需要组建一个小型的办公室网络。</td></tr>
<tr><td colspan="2">项目分析</td><td colspan="3">（1）双绞线的制作和测试。
（2）简单网络的组建。
（3）启用防火墙。
（4）文件的共享。
（5）下载并安装一些常用的共享软件。</td></tr>
<tr><td rowspan="3">教学目标</td><td>方法能力</td><td>（1）能够有效地获取、利用和传递信息。
（2）能够在工作中寻求发现问题和解决问题的途径。
（3）能够独立学习，不断获取新的知识和技能。
（4）能够对所完成工作的质量进行自我控制及正确评价。</td><td rowspan="3">考核方式</td><td rowspan="3">过程考核与终结考核
过程考核：小组设计成果（30%）、个人完成任务成果（30%）
终结考核：总结反思报告（40%）</td></tr>
<tr><td>社会能力</td><td>（1）在工作中能够良好沟通，掌握一定的交流技巧。
（2）公正坦诚、乐于助人，学会与人相处。
（3）做事认真、细致，有自制力和自控力。
（4）有较强的团队协作精神和环境意识。</td></tr>
<tr><td>专业能力</td><td>（1）能够熟练制作双绞线。
（2）能够连接多台计算机并配置 IP 地址。
（3）能够熟练使用 Windows 防火墙。
（4）能够在多台计算机之间共享文件。
（5）能够从网络上下载软件并正确安装。</td></tr>
<tr><td>教学环境</td><td colspan="4">为每组学生配备如下设备：计算机 2～3 台（安装 Windows XP 及网卡），网线若干，集线器 1 台，双绞线钳 1 个。
教师准备测线仪 1～2 个。</td></tr>
</table>

教学单元设计实施方案架构

教学内容	教师行动	学生行动	组织方式	教学方法	资源与媒介	时间（分）
1. 任务提出	教师解释具体工作任务	接受工作任务	集中	引导文法	投影屏幕	10
	提问：如何将多台计算机连接起来	了解网络连接的作用				
2. 知识讲授与操作演示	双绞线的作用及制作过程	精神集中，仔细观察教师的演示操作	集中	讲授	投影屏幕	20
	用制作好的双绞线将多台计算机连接起来并配置 IP 地址，然后检测连接情况	精神集中，仔细观察教师的演示操作				20
	演示如何启用 Windows XP 防火墙	精神集中，仔细观察教师的演示操作				20
	演示如何进行文件共享	精神集中，仔细观察教师的演示操作				20
	演示如何从网上下载 QQ 软件并安装（也可让学生上台演示）	精神集中，仔细观察教师的演示操作				20
3. 学生动手操作		双绞线的制作	分组（4～5 人一组）	头脑风暴	双绞线钳、测线仪	20
		用制作好的双绞线将多台计算机连接起来并配置 IP 地址，然后检测连接情况	分组（4～5 人一组）	头脑风暴	计算机	30
		启用 Windows XP 防火墙	分组（4～5 人一组）	头脑风暴	计算机	10
		设置文件共享	分组（4～5 人一组）	头脑风暴	计算机	20
		从网上下载并安装一些常用软件（如 QQ、WinRAR 等）	分组（4～5 人一组）	可视化	计算机	20
4. 完成工作任务	巡视检查、记录，并随时指导	学生实验，就实验中出现的情况提出问题	分组（4～5 人一组）	团队协作学习	计算机	20

5. 总结评价与提高	根据先期观察记录，对每组学生的实验情况进行点评	倾听点评	集中、分组	自主学习	计算机和投影屏幕	30
	对任务完成情况进行总结，拓展能力训练	倾听总结，对拓展技能进行思考和练习	集中 分组	讲授、归纳总结法	计算机和投影屏幕、打印机	

教学单元设计实施方案细则

1．任务提出（10 分钟）

某小公司有一个经理和三个员工，因为工作的需要，公司给每个人配备了一台 PC。因为公司业务的需要，经常要在每个人之间共享一些资料文件，如果通过 U 盘来传递资料文件既慢又很不方便，而且很容易感染病毒，因此需要组建一个小型的办公室网络。

提问：在现实生活中，小型办公室网络还有什么用处？

2．知识讲授与操作演示（100 分钟）

（1）计算机网络的作用

背景资料：计算机网络概述。

在日常工作与生活中，办公室和家庭往往拥有多台计算机。在办公室中经常会需要在多台计算机中共享一些重要资料，有时也为能够共享仅有的一台或两台打印机，因此需要让这些计算机之间能够互相通信，以便共享资源。同样，在家庭中，有时为了工作的需要，有时为了家人能在一起通过网络进行娱乐，也需要组建一些小型的计算机网络。

（2）教师演示双绞线的制作过程。

提问：请随机组成小组（4～5 人一组），要将计算机及设备连接起来，主要用什么？

（3）教师演示用制作好的双绞线将多台计算机连接起来并配置 IP 地址，然后检测连接情况。

提问：请问 IP 地址对于计算机连网的作用是什么？如何设置？

（4）教师演示如何启用 XP 的防火墙。

提问：防火墙对于计算机连网的作用？

（5）教师演示如何设置 XP 的文件共享。

提问：为什么要进行文件共享？

（6）由教师或者学生来演示如何从网上下载 QQ 软件并安装。

提示：学习了 QQ 软件的安装，我们可以知道大多数网络软件的下载和安装过程，可以让学生尝试下载一些常用的工具软件，如 WinRAR 等。

3．学生动手操作（100 分钟）

（1）学生随机每 4～5 人组成一个研究讨论小组，每组自行选出组长。由组长制订实验计划，写出任务书，并安排每个组员轮流进行项目实验。

（2）学生以小组为单位进行实验，并就实验中出现的问题互相探讨。

（3）教师在此过程中不讲授任何内容，完全由学生带着问题自己来完成讨论过程，教师只充当咨询师的角色，并认真检查、记录学生讨论的情况，以便于考核学生。

4．完成工作任务（20 分钟）

（1）学生利用小组讨论的方法，掌握办公室组网的过程。

（2）学生根据实验过程写出实验报告。

注：仔细观察学生操作过程是否正确熟练，并仔细阅读学生的实验报告。

5．总结评价与提高（30 分钟）

总结评价

（1）教师依据学生讨论及完成工作过程中的行动记录，总结各组的实验情况。

（2）学生对自己完成的工作进行总结与反思，主要写出自己在小组讨论与完成工作任务的过程中的收获，并提交书面总结报告。

提高

（1）能够将两台计算机成功互联，并共享文件的酌情给予 3～5 分的加分。

（2）能在多台计算机之间共享打印机，并成功打印文件的酌情给予 3～5 分的加分。

项目 4　制作学校宣传手册

教学单元设计实施方案

<table>
<tr><td colspan="2">教学单元名称</td><td>制作学校宣传手册</td><td>课时</td><td>4 学时</td></tr>
<tr><td colspan="2">项目描述</td><td colspan="3">思蕴职业教育中心是一所国家级重点职业高级中学，专业设置科学合理，就业形势良好。为做好 2009 年招生宣传工作，学校决定制作一份图文并茂的宣传手册，以展示学校精良的设施设备、优美的校园环境、合理的专业设置，以及良好的就业状况。</td></tr>
<tr><td colspan="2">项目分析</td><td colspan="3">使用 Word 2007 可以高效、便捷地完成该宣传手册的制作。要求在制作过程中熟悉 Word 2007 的操作环境，熟练掌握 Word 2007 的基本使用方法。完成本项目主要有以下操作：
● 输入文字，设置首字下沉、分栏排版、段落底纹、项目符号；
● 插入图片、形状、文本框、表格、页眉、页码，并设置相应格式；
● 插入图表，修饰图表；
● 添加页面背景。</td></tr>
<tr><td rowspan="3">教学目标</td><td>方法能力</td><td>（1）能够有效地获取、利用和传递信息。
（2）能够在工作中寻求发现问题和解决问题的途径。
（3）能够独立学习，不断获取新的知识和技能。
（4）能够对所完成工作的质量进行自我控制及正确评价。</td><td rowspan="3">考核方式</td><td rowspan="3">过程考核与终结考核
过程考核：小组设计成果（20%）、个人完成宣传手册制作成果（40%）
终结考核：总结反思报告（40%）</td></tr>
<tr><td>社会能力</td><td>（1）在工作中能够良好沟通，掌握一定的交流技巧。
（2）公正坦诚、乐于助人，学会与人相处。
（3）做事认真、细致，有自制力和自控力。
（4）有较强的团队协作精神和环境意识。</td></tr>
<tr><td>专业能力</td><td>（1）能熟练掌握在 Word 中输入文字，并设置首字下沉、分栏排版、段落底纹、项目符号等的方法。
（2）能够掌握在 Word 中插入图片、形状、文本框、表格、页眉、页码的方法，并能设置相应格式。
（3）能够掌握在 Word 中插入图表的方法，并能修饰图表。
（4）学会给 Word 页面添加背景。
（5）能综合运用图片、形状、艺术字、文本框、表格等解决实际问题。</td></tr>
<tr><td>教学环境</td><td colspan="4">为每位学生配置的计算机具备如下的软硬件环境。
软件环境：Office 2007 办公软件、文字资料和素材图片。
硬件环境：打印机（纸张）、投影屏幕、展示板。</td></tr>
</table>

教学单元设计实施方案架构

<table>
<tr><th>教学内容</th><th>教师行动</th><th>学生行动</th><th>组织方式</th><th>教学方法</th><th>资源与媒介</th><th>时间（分）</th></tr>
<tr><td rowspan="2">1. 任务提出</td><td>教师展示“学校宣传手册.doc”作品，解释具体工作任务</td><td>接受工作任务</td><td rowspan="2">先集中后分组（4人一组）</td><td rowspan="2">任务驱动</td><td rowspan="2">投影屏幕、广播软件</td><td rowspan="2">10</td></tr>
<tr><td>提问：结合我们所学的 Word 知识，分析作品包含哪些知识点</td><td>分组讨论，分析作品所包含的 Word 知识点，讨论作品整体设计要点</td></tr>
<tr><td rowspan="2">2. 知识讲授与操作演示</td><td>教师归纳学生分组讨论得出的作品所用的知识点</td><td>理解图文混排、表格及图表等知识点在作品中的综合运用方法</td><td rowspan="2">集中</td><td rowspan="2">讲授</td><td rowspan="2">投影屏幕、广播软件</td><td rowspan="2">30</td></tr>
<tr><td>演示图文混排、插入表格及图表、添加页面背景等难点的操作步骤</td><td>精神集中，仔细观察并记录教师的演示操作步骤</td></tr>
<tr><td>3. 学生讨论</td><td>巡视检查、记录，回答学生提问</td><td>掌握作品的大概制作流程，并分析教师展示的作品的优缺点</td><td>分组（4人一组）</td><td>头脑风暴</td><td>计算机</td><td>10</td></tr>
<tr><td>4. 完成工作任务</td><td>巡视检查、记录</td><td>启动 Word 2007，完成作品的制作</td><td>独立</td><td>自主学习、协作学习</td><td>计算机</td><td>100</td></tr>
<tr><td rowspan="3">5. 总结评价</td><td>分组进行小组内评议，评选出一个最佳作品</td><td>分组进行小组内评议</td><td>分组（4人一组）</td><td>头脑风暴</td><td>计算机</td><td rowspan="3">30</td></tr>
<tr><td>把各小组的最佳作品逐一展示，进行班级评比，师生共同分析各个作品的优点和不足</td><td>参与评议，倾听点评</td><td>集中</td><td>头脑风暴</td><td>计算机和投影屏幕</td></tr>
<tr><td>对任务完成情况进行总结，拓展能力</td><td>倾听总结，对自己的整个工作任务的完成过程进行总结和反思，填写学习评估表</td><td>集中</td><td>讲授、归纳总结</td><td>计算机和投影屏幕</td></tr>
<tr><td>6. 拓展</td><td>根据实际情况，要求学生选择完成技能拓展部分</td><td>课后选择完成技能拓展部分</td><td>分组（4人一组）</td><td>协作学习</td><td>计算机</td><td>20</td></tr>
</table>

教学单元设计实施方案细则

1．任务提出（10 分钟）
教师展示“学校宣传手册.doc”作品，解释具体工作任务。思蕴职业教育中心是一所国家级重点职业高级中学，专业设置科学合理，就业形势良好。为做好 2009 年招生宣传工作，学校决定制作一份图文并茂的宣传手册，以展示学校精良的设施设备、优美的校园环境、合理的专业设置与良好的就业状况。 提问：结合我们所学的 Word 知识，分析作品包含哪些知识点？
2．知识讲授与操作演示（30 分钟）
（1）教师归纳学生分组讨论得出的作品所用的知识点。 作品综合运用了以下 Word 知识点： ● 新建文档，设置页面； ● 输入学校简介的相关文字，并对文字进行“首字下沉”、“分栏”设置； ● 给文档段落添加底纹、插入“项目符号”； ● 在文档中插入文本框，设置文本框格式； ● 在文档中插入艺术字； ● 在文档中插入图片和形状，并设置图片和形状的大小、样式及环绕方式等； ● 在文档中插入表格，在表格单元格中插入图片，合并表格单元格，套用表格自动样式等； ● 在文档中插入图表，修饰图表； ● 插入页眉和页码； ● 添加页面背景。 课前讨论部分（学习者分组）： 按照异质分组的原则，以学生自主选择与教师推荐指导相结合分成若干个小组（4 人一组）。 ① 组长由成绩好、组织协调能力强的学生担任。 ② 各小组均有一名技术操作能力较强的学生。 ③ 各小组均有操作能力强、中等和较弱的学生。 ④ 各小组成员包含男女生。 （2）教师演示图文混排、插入表格及图表、添加页面背景等难点的操作步骤。
3．学生讨论（10 分钟）
由组长主持讨论作品的大概制作流程，并分析教师展示作品的优点和不足。 教师在此过程中不讲授任何内容，完全由学生带着问题自己来完成讨论过程，教师只充当咨询师的角色，并认真检查、记录学生讨论的情况，以便于考核学生。
4．完成工作任务（100 分钟）
学生利用小组讨论掌握的作品大概制作流程，启动 Word 2007，完成作品的制作。 （1）教师提供制作素材，包括文字内容和素材图片；学生根据任务要求自行选择素材，增强学生动手操作的兴趣。 （2）要求学生独立完成作品的制作，但遇到问题时可在小组间进行探讨。 （3）教师要注意观察学生的制作过程，及时发现学生操作方法的拓展方式（如快捷键、右键菜单等），并进行推广。

（4）教师在巡视检查的过程中要注重集体指导与个别指导相结合，对动手能力相对较弱的学生要采取分层教学的方法。
5. 总结评价（30 分钟）
（1）分组进行小组内评议，评选出一个最佳作品。 （2）将各小组的最佳作品逐一展示，进行班级评比，师生共同分析各个作品的优点和不足。教师要对班级最佳作品所在小组进行奖励，对落选小组要给予鼓励，以增加学生的信心。 （3）学生对自己的整个工作任务的完成过程进行总结和反思，主要总结自己在小组讨论与独立完成工作任务的过程中的收获，并填写学习评估表。
6. 拓展（课后完成，20 分钟）
根据实际情况，要求学生课后以小组为单位选择完成技能拓展部分。

项目 5 制作统计报表

教学单元设计实施方案

<table>
<tr><td colspan="2">教学单元名称</td><td>制作统计报表</td><td>课时</td><td>2 学时</td></tr>
<tr><td colspan="2">任务描述</td><td colspan="3">第一中学要统计分析一批学生的中考成绩，包含政治、数学、语文、外语、物理 5 门课程。第一，要标记每门课程不及格学生的成绩；第二，在这批学生中找出语文和外语成绩均在 90 分以上的学生；第三，根据性别不同，分别统计出男女生的平均分；第四，为这批学生的外语成绩制作一张直方对比图；第五，统计分析每名学生的总分，以及不同性别学生的总分分布情况。</td></tr>
<tr><td colspan="2">任务分析</td><td colspan="3">使用一台预装有 Office 2007 办公软件的计算机，完成工作前应首先熟悉 Excel 2007 的基本操作。完成本任务主要有以下操作：
● 制作工作表；
● 进行数据筛选；
● 进行分类汇总；
● 制作图表；
● 制作数据透视表。</td></tr>
<tr><td rowspan="3">教学目标</td><td>方法能力</td><td>（1）能够有效地获取、利用和传递信息。
（2）能够在工作中寻求发现问题和解决问题的途径。
（3）能够独立学习，不断获取新的知识和技能。
（4）能够对所完成工作的质量进行自我控制及正确评价。</td><td rowspan="3">考核方式</td><td rowspan="3">过程考核与终结考核
过程考核：小组设计成果（30%）、个人完成工作表制作及格式化操作（30%）
终结考核：总结反思报告（40%）</td></tr>
<tr><td>社会能力</td><td>（1）在工作中能够良好沟通，掌握一定的交流技巧。
（2）公正坦诚、乐于助人，学会与人相处。
（3）做事认真、细致，有自制力和自控力。
（4）有较强的团队协作精神和环境意识。</td></tr>
<tr><td>专业能力</td><td>（1）能够准确输入工作表数据，完成工作表的格式化操作，掌握常用函数的使用。
（2）能够完成数据筛选。
（3）掌握排序及分类汇总的操作。
（4）能够使用数据建立图表，并进行数据对比分析。
（5）能够制作数据透视表，实现数据的交叉分析。</td></tr>
<tr><td>教学环境</td><td colspan="4">为每位学生配备的计算机应具备如下的软硬件环境。
软件环境：Windows XP、Office 2007、多媒体教学软件。
硬件环境：海报纸、白板笔、投影屏幕、展示板。</td></tr>
</table>

教学单元设计实施方案架构

教学内容	教师行动	学生行动	组织方式	教学方法	资源与媒介	时间（分）
1．任务提出	教师解释具体工作任务	接受工作任务	集中	引导文法	投影屏幕	10
	提问：在现实生活中，教师通常是怎样来统计并分析学生的成绩的	思考：在现实生活中，教师通常是怎样来统计并分析学生的成绩的				
2．知识讲授与操作演示	教师讲解任务的具体步骤，使学生对具体任务有更清晰的认识	进一步了解任务的具体步骤	集中	讲授	投影屏幕	15
	演示工作表的制作过程	精神集中，仔细观察教师的演示操作				
	演示数据筛选的操作过程	精神集中，仔细观察教师的演示操作				
	演示分类汇总的操作过程	精神集中，仔细观察教师的演示操作				
	演示图表制作的过程	精神集中，仔细观察教师的演示操作				
	演示数据透视表的制作过程	精神集中，仔细观察教师的演示操作				
3．学生讨论	巡视检查、记录，回答学生提问	讨论数据、工作表格式化的其他操作方法	分组（随机组合，分成5组分别讨论）	头脑风暴	计算机、海报纸	15
		讨论数据筛选的其他操作方法				
		讨论排序、分类汇总的其他操作方法				
		讨论制作图表的其他操作方法				
		讨论制作数据表的其他操作方法				
		掌握工作表制作及格式化的操作方法	独立	自主学习	计算机	
		展示研究成果	分成5组	可视化	海报纸、展示板	
4．完成工作任务	巡视检查、记录	完成统计报表的制作	独立	自主学习	计算机	20
5．总结评价与提高	根据先期观察记录，挑选出具有代表性的几个小组的最终成品，随机抽取学生对其进行初步点评	倾听点评	分组、集中	自主学习	计算机和投影屏幕	20
	对任务完成情况进行总结，拓展能力	倾听总结，对自己的整个工作任务的完成过程进行反思，并书写总结报告	集中	讲授、归纳总结法	计算机和投影屏幕	

教学单元设计实施方案细则

1．任务提出（10 分钟）
教师提出具体的工作任务——第一中学要统计分析一批学生的中考成绩，包含政治、数学、语文、外语、物理 5 门课程。第一，要标记每门课程不及格的同学的成绩；第二，在这批学生中找出语文和外语成绩均在 90 分以上的学生；第三，根据性别不同，分别统计出男女生的平均分；第四，为这批学生的外语成绩制作一张直方对比图；第五，统计分析每名学生的总分，以及不同性别学生的总分分布情况。 使学生明确要完成统计报表制作任务的几个关键步骤。 提问：在现实生活中，教师通常是怎样统计并分析学生的成绩的？
2．知识讲授与操作演示（15 分钟）
（1）教师讲解任务的具体步骤 步骤 1：制作工作表 正确输入“学生成绩统计表”的数据，再计算出学生总分，各科的最高分、最低分、平均分，最后对工作表数据进行格式化操作。 步骤 2：数据筛选 使用自动筛选功能，筛选出符合条件的学生名单。 步骤 3：分类汇总 使用排序功能，进行分类字段排序，再按要求进行分类汇总。 步骤 4：图表 按要求建立图表，对比分析每个学生的成绩。 步骤 5：数据透视表 按要求建立数据透视表，正确区分数据透视表的行、列和数据区字段。 （2）教师全程演示统计报表的制作过程 包含工作表的制作过程、数据筛选的操作过程、分类汇总的操作过程、图表制作的过程，以及数据透视表的制作过程。 预先将学生分成 5 个大组，让学生分别讨论“工作表的制作”、“数据筛选”、“排序、分类汇总”、“图表制作”、“数据透视表的制作”的其他操作方法。 提问：大家一起来讨论统计报表制作过程有没有其他可以使用的操作方法？
3．学生讨论（15 分钟）
（1）每个小组组成一个研究讨论小组，明确各自的研究内容，每组自行选出组长。由组长主持讨论“工作表的制作”、“数据筛选”、“排序、分类汇总”、“图表制作”、“数据透视表的制作”五个步骤之一的其他操作方法。 （2）学生以小组为单位展示自己小组的研究成果。 （3）教师在此过程中不讲授任何内容，完全由学生带着问题自己来完成讨论过程，教师只充当咨询师的角色，并认真检查、记录学生讨论的情况，以便考核学生。
4．完成工作任务（20 分钟）
学生利用小组讨论掌握的方法，先各自完成工作表的制作，然后再以两人为一个小组完成统计报表制作的后续工作，最后保存成果。 注：教师要仔细观察学生的操作过程，看看是否有其他拓展方式。
5．总结评价与提高（20 分钟）
总结评价 （1）教师依据学生讨论及完成工作过程中的行动记录，挑选出具有代表性的几个小组的工作成果，随机抽取几个学生对其进行点评，说出优点与不足之处。 教师总结：统计报表的制作是一个完整的过程，需要学生将掌握的知识融会贯通，

今天我们学习的只是基本的应用，对于一些高级应用还需要同学们不断摸索。比如，窗口冻结、页面布局、嵌套函数、自定义和高级筛选、组合图表等。

（2）教师总结与学生总结相结合，对统计报表制作的总体过程进行描述，并提示关键注意点及教学重难点。

（3）学生对自己完成的工作进行总结与反思，主要写出自己在小组讨论与完成工作任务的过程中的收获，并提交书面总结报告。

提高

使用函数实现九级个人所得税税率对照表。能够正确操作实现，并能讲解清楚的学生可酌情给予 3～5 分的加分。

项目 6　制作电子相册

教学单元设计实施方案

<table>
<tr><td colspan="2">项目名称</td><td>制作电子相册</td><td>课时</td><td>8 学时</td></tr>
<tr><td colspan="2">项目描述</td><td colspan="3">小王是个摄影爱好者，经常需要对拍摄的照片进行处理，如照片修复、色彩及曝光的调整、照片裁剪等，一些照片稍加处理就可以变得更精美，更具有欣赏性。在处理数码照片时，小王通常使用 ACDSee 软件；更方便的是，ACDSee 提供了强大的文件管理功能，所拍摄的大量数码照片都可得到井然有序的保存。</td></tr>
<tr><td colspan="2">项目分析</td><td colspan="3">（1）获取存储图像。
（2）运用 ACDSee 10 浏览及管理图像文件。
（3）运用 ACDSee 10 进行图像编辑。
（4）使用 ACDSee 10 制作电子相册。</td></tr>
<tr><td rowspan="3">教学目标</td><td>方法能力</td><td>（1）能够有效地获取、利用和传递信息。
（2）能够在工作中寻求发现问题和解决问题的途径。
（3）能够独立学习，不断获取新的知识和技能。
（4）能够对所完成工作的质量进行自我控制及正确评价。</td><td rowspan="3">考核方式</td><td rowspan="3">过程考核与终结考核
过程考核：小组设计成果（30%）、个人完成任务成果（30%）
终结考核：总结反思报告（40%）</td></tr>
<tr><td>社会能力</td><td>（1）在工作中能够良好沟通，掌握一定的交流技巧。
（2）公正坦诚、乐于助人，学会与人相处。
（3）做事认真、细致，有自制力和自控力。
（4）有较强的团队协作精神和环境意识。</td></tr>
<tr><td>专业能力</td><td>（1）能够通过多种方式获取并存储图像。
（2）能够运用 ACDSee 10 浏览及管理图像文件。
（3）能够运用 ACDSee 10 编辑图像。
（4）能够使用 ACDSee 10 制作电子相册。</td></tr>
<tr><td>教学环境</td><td colspan="4">为每位学生配备的计算机应具备如下的软硬件环境。
软件环境：ACDSee 10、图像文件。
硬件环境：投影屏幕、展示板。</td></tr>
</table>

教学单元设计实施方案架构

教学内容	教师行动	学生行动	组织方式	教学方法	资源与媒介	时间（分）
1．任务提出	教师解释具体工作任务	接受工作任务	集中	引导文法	投影屏幕	10
	提问：在日常生活中，如何获取和管理图片	思考如何获取图片（如照相机、计算机上网等）				
2．知识讲授与操作演示	教师讲解如何获取图片	认识了解图片获取的途径	集中	讲授	投影屏幕	10
	演示用 ACDSee 10 浏览及管理图像文件	精神集中，仔细观察教师的演示操作				20
	演示如何运用 ACDSee 10 对图像进行编辑	精神集中，仔细观察教师的演示操作				40
	演示如何使用 ACDSee 10 制作电子相册	精神集中，仔细观察教师的演示操作				40
3．学生讨论	巡视检查、记录回答学生提问	讨论是否有其他方法获取图片	分组（两人一组，随机组合）	头脑风暴	计算机	20
		掌握用 ACDSee 10 浏览图片和将图片素材分类管理的方法	分组（两人一组，随机组合）	头脑风暴	计算机	20
		掌握运用 ACDSee 10 对图像进行编辑的方法	分组（两人一组，随机组合）	头脑风暴	计算机	40
		掌握使用 ACDSee 10 制作电子相册的方法	分组（两人一组，随机组合）	头脑风暴	计算机	20
		展示研究成果	分组（两人一组，随机组合）	可视化	展示板	40
4．完成工作任务	巡视检查、记录	运用 ACDSee 10 打开获取的图片，并对图片进行编辑、存储，制作电子相册	分组（两人一组，随机组合）	团队协作学习	计算机	20
5．总结评价与提高	根据先期观察记录，挑选出具有代表性的几个小组的最终成品，随机抽取学生对其进行初步点评	倾听点评	分组、集中	自主学习	计算机和投影屏幕	40
	对任务完成情况进行总结，拓展能力	倾听总结，对自己的整个工作任务的完成过程进行反思，并书写总结报告	集中	讲授、归纳总结法	计算机和投影屏幕	

教学单元设计实施方案细则

1．任务提出（10分钟）
小王是个摄影爱好者，经常需要对拍摄的照片进行处理，如照片修复、色彩及曝光的调整、照片裁剪等，一些照片稍加处理就可以变得更精美，更具有欣赏性。在处理数码照片时，小王通常使用ACDSee软件；更方便的是，ACDSee提供了强大的文件管理功能，所拍摄的大量数码照片都可得到井然有序的保存。 提问：在现实生活中，如何管理数码照片？
2．知识讲授与操作演示（110分钟）
（1）教师讲授ACDSee相关知识。 背景资料：ACDSee 10概述 ACDSee 10是一个功能强大的图像浏览和照片处理软件，它支持TIFF、JPEG、BMP、GIF、PCX、TGA等超过50种不同格式的图像文件及多媒体文件格式。使用ACDSee 10，可以非常方便地完成图像的获取、浏览、管理及优化等工作。此外，ACDSee 10还提供了强大的图像编辑功能，可以轻轻松松地处理数码照片，并进行批量处理，还可把数码照片转换成电子相册，增加数码照片的观赏性。 背景资料：ACDSee 10制作相册的过程 ① 建一个文件夹，然后将事先选择好的照片复制到这个文件夹中；② 启动ACDSee 10，运用ACDSee 10浏览及处理图像文件；③ 统一即将生成相册的图片的尺寸；④ 在每张图片的“属性”窗口中分别完成标题、作者、备注、关键词等信息的设置；⑤ 对选中图片重命名；⑥ 在ACDSee中全选所有修改好的图片，开始创建相册；⑦ 运用“创建HTML相册”向导完成相册的创建。 （2）教师演示创建过程。 请同学们随机组成小组（两人一组），大家一起来讨论制作相册的类型（如人物、风景）。 （3）教师全程演示相册制作的过程。 教师可用一些学生较为感兴趣的图片（如游戏、动漫等主题的图片）进行演示，然后让学生自行制作相册。增强学生的动手能力。
3．学生讨论（140分钟）
（1）学生随机每3人组成一个研究讨论小组，每组自行选出组长。由组长主持讨论创建相册的主题，给每个组员分配任务，如一个负责根据确定的主题获取图片，一个负责编辑图片，一个负责相册创建。 （2）学生以小组为单位展示自己小组的研究成果。 （3）教师在此过程中不讲授任何内容，完全由学生带着问题自己来完成讨论过程，教师只充当咨询师的角色，并认真检查、记录学生讨论的情况，以便考核学生。
4．完成工作任务（20分钟）
学生利用小组讨论掌握的方法，完成相册的制作。 注：仔细观察学生的操作方式，是否正确熟练。
5．总结评价与提高（40分钟）
总结评价 （1）教师依据学生讨论及完成工作过程中的行动记录，挑选出具有代表性的几个小组的工作成果，随机抽取几个学生对其进行点评，说出优点与不足之处。 教师总结：获取图片的方法有很多种，除了通过数码相机自己拍摄外，还可以通过百度、谷歌等搜索网站下载图片。

（2）教师总结与学生总结相结合，图片确定后，必须综合运用 ACDSee 的各种工具编辑美化图片，使得一个相册中的图片风格统一，这样才能制作出精美的相册。

（3）学生对自己完成的工作进行总结与反思，写出自己在小组讨论与完成工作任务的过程中的收获，并提交书面总结报告。

提高

如何用 ACDSee 10 提供的“ACDSee 陈列室”功能在计算机桌面上的一个小窗口中放映幻灯片（回答正确，并能操作且讲解明白的学生，可酌情给予 3～5 分的加分）？

项目 7　DV 制作

教学单元设计实施方案

<table>
<tr><td colspan="2">教学单元名称</td><td colspan="2">DV 制作</td><td>课时</td><td>8 学时</td></tr>
<tr><td colspan="2">任务描述</td><td colspan="4">小王从北京旅游回来，拍了神奇、美妙的国家游泳馆水立方的一些视频，并且在网上找了一些相关的音频、视频素材，准备自己制作一个关于水立方的宣传片。</td></tr>
<tr><td colspan="2">任务分析</td><td colspan="4">定好要制作的主题。下面来分析问题，明确任务。我们需要完成以下 5 项任务：
（1）确定主题后脚本的编写；
（2）素材的收集和分类；
（3）声音文件的制作和编辑；
（4）视频文件的编辑，以及与声音的合成；
（5）文件的保存及演示。</td></tr>
<tr><td rowspan="3">教学目标</td><td>方法能力</td><td>（1）能够有效地获取、利用和传递信息。
（2）能够在工作中寻求发现问题和解决问题的途径。
（3）能够独立学习，不断获取新的知识和技能。
（4）能够对所完成工作的质量进行自我控制及正确评价。</td><td rowspan="3">考核方式</td><td colspan="2" rowspan="3">过程考核与终结考核
过程考核：小组设计成果（30%）、个人完成成果（30%）
终结考核：总结反思报告（40%）</td></tr>
<tr><td>社会能力</td><td>（1）在工作中能够良好沟通，掌握一定的交流技巧。
（2）公正坦诚、乐于助人，学会与人相处。
（3）做事认真、细致，有自制力和自控力。
（4）有较强的团队协作精神和环境意识。</td></tr>
<tr><td>专业能力</td><td>（1）能够学会简单的素材收集方法，学会写简单的分镜头脚本。
（2）能够掌握附件中录音机的使用方法。
（3）能够通过对视频的编辑，掌握 Windows Movie Maker 使用方法。
（4）初步掌握 Windows Media Player 的使用方法。</td></tr>
<tr><td>教学环境</td><td colspan="5">为每位学生配备的计算机应具备如下的软硬件环境。
软件环境：Windows XP、 Windows Media Player 10、Windows Movie Maker 5.1。
硬件环境：DV、素材光盘。</td></tr>
</table>

教学单元设计实施方案架构

教学内容	教师行动	学生行动	组织方式	教学方法	资源与媒介	时间（分）
1．任务提出	教师解释具体工作任务	接受工作任务	集中	引导文法、演示法	投影屏幕	20
	提问：数码相机、摄像器材已越来越普及了，有没有想过自己来制作一个DV作品呢	思考做视频需要哪些软件，平时接触过哪些软件				
2．知识讲授与操作演示	教师讲解脚本的编写	了解脚本包含的几个部分，形成初步的概念	集中	讲授	投影屏幕	80
	分析并且制作一个脚本，布置编写任务	确定主题，根据格式完成初步编写				
	演示录音机的使用方法	精神集中，仔细观察教师的演示操作				
	演示 Windows Movie Maker 的常规功能	精神集中，仔细观察教师的演示操作				
	演示 Windows Media Player 的常规使用方法	精神集中，仔细观察教师的演示操作				
3．学生讨论实践	巡视检查、记录回答学生提问	讨论编写，并确定最后的脚本	分组（3人一组）	头脑风暴	电子文档	100
		尝试使用录音机录制旁白部分	分组（3人一组）	头脑风暴	计算机	
		准备视频素材和音频素材	分组（3人一组）		计算机 素材光盘	
		尝试使用 Windows Movie Maker 进行视频的编辑	分组（3人一组）	可视化	计算机	
4．完成工作任务	巡视检查、记录	完成录音，导出素材，完成视频编辑，做到声画对位，能在 Windows Media Player 中正常播放	小组完成	自主学习	计算机	40
5．总结评价与提高	根据先期观察记录，挑选出具有代表性的几个小组的最终成品，随机抽取学生对其进行初步点评	倾听点评	分组、集中	自主学习	计算机和投影屏幕	80
	对任务完成情况进行总结（如声画对位），拓展能力	倾听总结，对自己的整个工作任务的完成过程进行反思，并书写总结报告	集中	讲授、归纳总结法	计算机和投影屏幕	

教学单元设计实施方案细则

1．任务提出（20 分钟）

教师提出具体的工作任务——小王从北京旅游回来，拍了神奇、美妙的国家游泳馆水立方的一些视频，并且在网上找了一些相关的音频、视频素材，准备自己制作一个关于水立方的宣传片。

提问：在现实生活中，数码相机、摄像器材已越来越普及了，有没有想过自己来制作一个 DV 作品呢？

2．知识讲授与操作演示（80 分钟）

（1）教师讲授 DV 制作相关知识。

背景资料：脚本的编写

在我们准备编辑每一个短片之前，都会为短片确定一个主题，然后再根据确定的主题和格式来进行脚本的编写。

视频片段序列	视频片段主题及表现方式	画中字幕	语音旁白	背景音乐	演播时间

背景资料：录音机的使用

在 Windows XP 中播放声音的工具有“录音机”，这里我们先了解一下录音机。它的设计非常像我们平常用的录音机，所以学习起来也非常简单。这里要提醒大家，要通过计算机录音，必须事先在计算机上连接音频输入设备，如麦克风。现在，让我们先来打开录音机。

◆ 打开“文件”菜单，单击“新建”选项，单击带有红色圆形标志的“录音”按钮，就可以开始录音了。在录音时，可以看到波表中绿色的波线在跳动，录音结束后单击“停止”按钮结束录音。

◆ 录音结束之后，打开“文件”菜单，单击“另存为”选项，出现“另存为”对话框，输入给声音文件取的文件名，单击“保存”按钮即可。

◆ 单击“放音”按钮，即可播放刚才录制的声音文件。

◆ 要播放其他声音文件，可先进入“文件”菜单，选择“打开”选项，然后在出现的对话框中选择您所需的文件，再单击“打开”按钮。

◆ 要更改声音文件的音量，只要先打开“效果”菜单，然后单击其中的“提高音量(25%)”或“降低音量”选项即可，随后可以单击“放音”按钮试听音量调整效果。

◆ 录音机还可以在播放中改变放音的速度，以达到某种特殊效果。打开“效果”菜单，单击其中的“加速（按 100%）”或“减速”选项，即可将声音播放速度加快或减慢，然后可以单击“放音”按钮试听一下效果。

◆ 添加回音也是为声音播放提供的一种特殊效果，打开“效果”菜单，单击其中的“添加回音”选项即可，然后就可以播放声音试听效果了。

背景资料：Windows Movie Maker 的使用

用户可以通过 Internet 或 E-mail 获取 Windows 中的音频或视频，也可以通过扫描仪或数码相机导入图像，然后对剪辑进行淡入和淡出处理，添加背景音乐、声音效果和画外音叙述，并经过录制、组织和编辑，最终完成 Windows 电影文件的制作。Windows Movie Maker 可以让你最大限度地感受到处理和共享数字视频的巨大乐趣。

Windows Movie Maker是通过各种命令、窗口和视图来进行电影文件的创建和编辑的。与Windows中的其他应用程序的窗口操作一样，对Windows Movie Maker软件的窗口也可以很方便地进行窗口最小化、最大化、放大、缩小、移动和关闭等操作。Windows Movie Maker在其工具栏中设置了许多方便使用的按钮，当执行某项命令时，只需将鼠标指针移至相应的按钮，然后单击鼠标左键即可。与使用菜单命令相同，单击不同的按钮后得到的效果是不同的，有时单击某个按钮会打开一个对话框，而有时则仅仅是执行这条命令。Windows Movie Maker还为每个按钮提供了工具提示，把鼠标指针定位于某个按钮上方，稍停片刻就会在一旁显示出该按钮的工具提示，说明这个按钮的作用。

① 源视频文件和声音文件的获取。

当创建一个新的电影文件时，源图像的获取将是一个首要的工作，用户可以导入一些已经存在的Windows音频或视频的媒体文件，也可以通过数码相机或摄像机来录制所需的媒体文件。

● 视频文件的导入。

导入一个视频文件的操作步骤如下。

◆ 单击“文件”菜单，选择“新建”→“项目”命令，新建一个电影项目。
◆ 选择“文件”→“导入”命令，在打开的“选择要导入的文件”对话框中选择相应的文件。
◆ 选定文件后单击“打开”按钮，系统将弹出“制作剪辑”对话框，提示当前导入的进度。
◆ 导入完成后，在Windows Movie Maker的工作区中将出现已经导入的视频剪辑。

经过上述步骤的操作，即可完成对视频文件的导入。

● 音频文件的导入和录制。

与视频文件一样，用户也可以通过同样的方法来导入一个音频文件。除此之外，用户还可以自己录制所需的音频文件。录制音频文件需要用户有声卡和声音输入设备，如麦克风等。录制音频文件的操作步骤如下。

◆ 将麦克风等声音输入设备与声卡的Line In（输入）端口连接。
◆ 选择“文件”→“录制”命令，打开 “录制”对话框。
◆ 在“录制”下拉列表中选择是要录制音频还是视频，在“设置”下拉列表中选择录制的质量。单击此对话框中的“更改设备”按钮，打开“更改设备”对话框。在该对话框的“线路”下拉列表中，还可以更改音频的输入线路。
◆ 单击“确定”按钮，返回“录制”对话框。单击预览框下方的“录制”按钮，即可开始音频的录制工作。
◆ 在录制结束后单击“完成”按钮，系统立即停止音频的录制工作，并弹出“保存Windows媒体文件”对话框。输入所需的文件名，单击“保存”按钮。

经过上述的操作，音频文件的录制工作完成，Windows Movie Maker将自动导入该录制好的声音文件，并在工作区中显示它的剪辑图标。

② 电影文件的编辑合成。

在Windows Movie Maker的工作区中导入了我们所需的音频和视频文件之后，就可以进行电影文件的编辑合成工作了。电影文件编辑合成的主要任务就是将音频和视频文件进行结合，使其在播放视频文件的同时，也播放音频文件。编辑合成电影文件的操作步骤如下。

◆ 在工作区中，选中所要添加到电影中的视频剪辑，并单击鼠标右键，从弹出的快捷菜单中选择“添加到情节提要”命令，即可将所选中的视频剪辑文件添加到情节提要框中。

◆ 在情节提要框中单击“时间线”按钮，切换到时间线框。从工作区中选择要添加的音频剪辑文件，单击鼠标右键，从弹出的快捷菜单中选择“添加到时间线”命令，即可将选中的音频剪辑文件添加到时间线框中。

◆ 如果当前导入的视频剪辑和音频剪辑的长度不同，可以拖动时间线框的“结束剪裁”游标，使视频和音频剪辑都在同一时间结束。

◆ 在预览框中单击“播放”按钮，可以将制作好的电影文件在窗口模式下进行播放测试；单击“全屏”按钮，可以在全屏模式下对该电影进行播放测试。

◆ 单击工具栏中的“保存电影”按钮，将打开“保存电影”对话框。在此对话框中，用户可以对当前电影的播放质量及显示信息进行设置。

◆ 单击“确定”按钮，系统将打开“另存为”对话框。在此对话框中输入该电影的名称，然后单击“保存”按钮。

◆ 系统开始保存已经创建和编辑的视频音频文件，并弹出“制作电影”对话框，在该对话框中会显示制作电影的进度。

◆ 制作电影完毕后，系统弹出 Windows Movie Maker 对话框，提示用户电影文件已经保存至计算机。在 Windows Movie Maker 中创建的电影，默认情况下将保存为 WMV 格式。这表明该电影是以 Windows Media 格式保存的，以该格式保存的文件质量较高，占用空间较小。

◆ 单击“是”按钮，将立即观看刚制作完成的电影。

经过上述操作后，用户就已经通过 Windows Movie Maker 将原来毫无关系的视频文件和音频文件结合在一起，生成了一个独立的电影文件，使用户能够在播放视频剪辑的过程中，同时播放音频剪辑。

③ 电影文件的观赏与发送。

Windows Movie Maker 电影文件可在 Windows Movie Maker 用户系统中观看，也可以在制作完毕后使用 Windows Media Player 观看。

（2）教师演示计算机中“录音机”软件的使用方法。

提问：请组成小组（3 人一组），大家一起来讨论当录音超过一分钟后又没有完成录音任务时怎么办？

（3）教师全程演示 Windows Movie Maker 的使用方法。

教师为学生演示如何把最后的作品在软件中合成的基本步骤，并且鼓励学生在自己制作时添加自己的创意。

（4）教师演示在 Windows Media Player 中播放短片，指导学生欣赏、评论。

3．学生讨论实践（100 分钟）

（1）学生随机每 3 人组成一个研究讨论小组，每组自行选出组长。由组长主持脚本的编写，确定主笔，确定录音人员，确定视频编辑人员。

（2）学生以小组为单位展示自己小组的研究成果。

（3）教师在此过程中不讲授任何内容，完全由学生带着问题自己来完成讨论过程，教师只充当咨询师的角色，并认真检查记录学生讨论的情况，以便考核学生。

4．完成工作任务（40 分钟）

学生利用小组讨论掌握的方法，首先完成脚本的编写，然后根据脚本收集资料，录制旁白，整理声音素材并且合成，最后编辑视频素材，声画对位。

注：仔细观察学生完成的作品有没有添加自己的创意（如特效等）。

5．总结评价与提高（80 分钟）

总结评价

（1）教师依据学生讨论及完成工作过程中的行动记录，挑选出具有代表性的几个小组的工作成果，随机抽取几个学生对其进行点评，说出优点与不足之处。

教师总结：完成一个 DV 短片的制作，首先要确定好主题，根据主题编写好脚本，再根据脚本做有针对性的素材收集，其次是熟练掌握录音机、Windows Movie Maker，以及 Windows Media Player 的使用方法。

注意：要想完成一个高质量的短片与自己的欣赏能力是分不开的，建议学生平时多留意些优秀的短片，适当做些笔记。

（2）教师总结与学生总结相结合，对软件的使用技巧进行适当总结（如录音 60 秒后怎么办等，片头片尾的特效等），以提高工作效率。

（3）学生对自己完成的工作进行总结与反思，主要写出自己在小组讨论与完成工作任务的过程中的收获，并提交书面总结报告。

提高

建议学生在日常生活中，保留些拍摄的视频材料，利用所学的知识自己进行课外创作。

项目 8 制作产品介绍演示文稿

教学单元设计实施方案

<table>
<tr><td colspan="2">教学单元名称</td><td>制作产品介绍演示文稿</td><td>课时</td><td>4 学时</td></tr>
<tr><td colspan="2">任务描述</td><td colspan="3">赵明暑假里到一家惠普代理店的打印机销售部打工。他需要使用PowerPoint 软件制作“HP Color LaserJet CM1312nfi 彩色激光多功能一体机”产品的演示文稿，使之成为一个能吸引顾客的产品介绍广告片，以达到良好的推销效果。</td></tr>
<tr><td colspan="2">任务分析</td><td colspan="3">赵明要制作“HP Color LaserJet CM1312nfi 彩色激光多功能一体机”产品演示文稿，需要通过以下几个任务来完成。
（1）产品制作素材准备。
（2）设计、规划演示文稿内容。
（3）将素材加入到作品中。
（4）设计播放的动画及特殊效果。
（5）演示文稿的保存及播放。</td></tr>
<tr><td rowspan="3">教学目标</td><td>方法能力</td><td>（1）能够有效地获取、利用和传递信息。
（2）能够在工作中寻求发现问题和解决问题的途径。
（3）能够独立学习，不断获取新的知识和技能。
（4）能够对所完成工作的质量进行自我控制及正确评价。</td><td rowspan="3">考核方式</td><td rowspan="3">过程考核与终结考核
过程考核：小组设计成果（30%）、个人完成设置桌面背景成果（30%）
终结考核：总结反思报告（40%）</td></tr>
<tr><td>社会能力</td><td>（1）在工作中能够良好沟通，掌握一定的交流技巧。
（2）公正坦诚、乐于助人，学会与人相处。
（3）做事认真、细致，有自制力和自控力。
（4）有较强的团队协作精神和环境意识。</td></tr>
<tr><td>专业能力</td><td>（1）能够建立、编辑、保存和浏览演示文稿，并对演示文稿进行修饰。
（2）能够掌握对演示文稿对象的编辑和修饰的方法。
（3）能够设置演示文稿的放映方式，并会根据播放要求选择、切换幻灯片方式。</td></tr>
<tr><td>教学环境</td><td colspan="4">为每位学生配备的计算机应具备如下的软硬件环境。
软件环境：Windows XP，Microsoft Office 2007。
硬件环境：海报纸、打印机（纸张）、投影屏幕、展示板。</td></tr>
</table>

教学单元设计实施方案架构

教学内容	教师行动	学生行动	组织方式	教学方法	资源与媒介	时间（分）
1．任务提出	教师解释具体工作任务	接受工作任务	集中	引导启发	投影屏幕	15
	提问：在现实生活中，如何进行产品广告制作	思考如何出一期内容翔实、布局合理、美观的黑板报				
2．知识讲授与操作演示	教师讲解广告制作流程的相关知识，设计、规划演示文稿内容，准备制作演示文稿的素材	了解利用 PowerPoint 2007 制作产品介绍演示文稿的基本流程，做好制作演示文稿前的素材获取准备	集中	讲授	投影屏幕	25
	制作演示文稿，将素材加入到作品中	掌握演示文稿各对象的编辑或插入方式				
	设计播放的动画和特殊效果	掌握对象动作和特殊效果的设置方法				
	演示文稿的保存及播放	掌握演示文稿的保存和播放方法				
3．学生讨论	巡视检查、记录 回答学生提问	讨论其他创建和关闭演示文稿的方式	分组（两人一组，随机组合）	头脑风暴	计算机	40
		掌握演示文稿各对象的编辑或更改方式				
		掌握设置对象动画和特殊效果的方法，能够将教师提供的素材设置成合适的动作和效果	分组（两人一组，随机组合）	头脑风暴	计算机	
		展示研究成果	分组（两人一组，随机组合）	可视化	海报纸和展示板	
4．完成工作任务	巡视检查、记录	启动 PowerPoint 2007，完成演示文稿的编辑，以及动画和特殊效果的设置，保存和播放演示文稿	独立	自主学习	计算机	60
5．总结评价与提高	根据先期观察记录，挑选出具有代表性的几个小组的最终成品，随机抽取学生对其进行初步点评	倾听点评	分组、集中	自主学习	计算机和投影屏幕	20
	对任务完成情况进行总结（如对象的加入、动画的设置等），拓展能力	倾听总结，对自己的整个工作任务的完成过程进行反思，并书写总结报告	集中	讲授、归纳总结法	计算机和投影屏幕	

教学单元设计实施方案细则

1．任务提出（15 分钟）
教师提出具体的工作任务——赵明暑假里到一家惠普代理店的打印机销售部打工。他需要使用 PowerPoint 软件制作“HP Color LaserJet CM1312nfi 彩色激光多功能一体机”产品的演示文稿，使之成为一个能吸引顾客的产品介绍广告片，以达到良好的推销效果。 使学生明确要完成制作“HP Color LaserJet CM1312nfi 彩色激光多功能一体机”产品演示文稿这样一个任务。 提问：在现实生活中，如何进行产品广告的制作？
2．知识讲授与操作演示（25 分钟）
（1）教师讲授利用 PowerPoint 2007 制作产品介绍演示文稿的相关知识 背景资料：广告制作流程 影视广告的制作，大体可分为拍摄前准备、正式拍摄和后期制作（后期制作的程序一般为冲片、胶转磁、剪辑、数码制作、作曲或选曲、配音、合成）3 个阶段。 背景资料：PPT 演示文稿的制作流程 PPT 演示文稿的制作，可分为以下几步。 ① 建立合作：与客户就 PPT 内容、应用场景、服务标准、时间价格等达成一致并签订协议。 ② 确定方案：由专业策划师制作详细的整体框架、设计思路、设计方法、表现形式及实施步骤等，作为 PPT 制作的纲要。 ③ 版式设计：由专业设计师分别制作两套动画及背景方案，再由客户选择或提出修改意见，确定适合的色彩、质感、动画等版式风格。 ④ 内页制作：根据制作方案，由专业设计师把各类素材转化为 PPT 文字、图片、图表、动画，并统一成稿，完成内页制作。 ⑤ 修改完善：经过内部预演、专家预审、客户反馈等程序，设计师对 PPT 稿件修改完善，并最终提交客户审核。 ⑥ 跟踪服务：项目结束后，客户可随时就 PPT 稿件进行技术咨询、提出细节修改意见，并由专业客服人员进行解答和技术指导。 背景资料：PowerPoint 2007 具有的新特点 ① 全新的直观型外观；② 主题和快速样式；③ 自定义幻灯片版式；④ 设计师水准的 SmartArt 图形；⑤ 新效果和改进效果；⑥ 新增文字选项；⑦ 表格和图表增强；⑧ 校对工具：拼写检查在各个 Microsoft Office 2007 系统程序间变得更加一致；⑨ 演示者视图。 （2）教师演示制作演示文稿，将素材加入到作品中，只演示第一张幻灯片加入各素材的方法、设计播放的动画和特殊效果，并全程演示文稿的保存及播放的过程。 提问：请随机组成小组（两人一组），大家一起来讨论其他创建和关闭演示文稿的方式，其次看看其他各页面该怎样加入素材并进行编辑，然后讨论如何设置各对象动画和特殊效果？
3．学生讨论（40 分钟）
（1）学生随机每 3 人组成一个研究讨论小组，每组自行选出组长。由组长主持讨论其他创建和关闭演示文稿的方式，然后讨论演示文稿各对象的编辑或更改方式，同时讨论设置对象动画和特殊效果的方法。 （2）学生以小组为单位展示自己小组的研究成果。 （3）教师在此过程中不讲授任何内容，完全由学生带着问题自己来完成讨论过程，教师只充当咨询师的角色，并认真检查、记录学生讨论的情况，以便考核学生。

4．完成工作任务（60 分钟）

学生利用小组讨论掌握的方法，首先新建一个演示文稿，然后利用教师提供的素材完成演示文稿的编辑，以及动画和特殊效果的设置，完成后保存并播放演示文稿。

注：仔细观察学生的操作过程和方式，看是否有拓展方式（如快捷键、右键菜单等）。

5．总结评价与提高（20 分钟）

总结评价

（1）教师依据学生讨论及完成工作过程中的行动记录，挑选出具有代表性的几个小组的工作成果，随机抽取几个学生对其进行点评，说出优点与不足之处。

教师总结：体会 PowerPoint 2007 在创建、保存演示文稿方面与 PowerPoint 2003 的异同。了解利用 PowerPoint 2007 制作产品介绍演示文稿的基本步骤，掌握文本处理、图片插入、创建表格、设置动画效果等基本操作方法。注意运用添加背景音乐、设置幻灯片之间的切换方式等方法为演示文稿增色。

（2）教师总结与学生总结相结合，对文稿编辑、设置对象动画和特殊效果的简便方法和技巧进行总结。

（3）学生对自己完成的工作进行总结与反思，主要写出自己在小组讨论与完成工作任务的过程中的收获，并提交书面总结报告。

提高

插入 SmartArt 图形、添加背景音乐、设置幻灯片之间的切换方式等（回答正确，并能操作且讲解明白的学生，可酌情给予 3～5 分的加分）。

项目 9　构建个人网络空间

教学单元设计实施方案

<table>
<tr><td colspan="2">教学单元名称</td><td>个人网络空间的使用</td><td>课时</td><td>4 学时</td></tr>
<tr><td colspan="2">任务描述</td><td colspan="3">果果是立利职业学校的一名学生，她和网上一个博客“青苹果家园”的主人青苹果是同学。果果来到了青苹果的“家”，她逛得非常自在，在“青苹果家园”里面留言、听歌、看日志、评论，她羡慕极了。她想：“什么时候我也能有个自己的“家”，记录自己的成长、体会快乐、展示个性呢？”于是果果就准备自己开始在中国较大型的门户网站和讯网上建立自己的网上空间了。</td></tr>
<tr><td colspan="2">任务分析</td><td colspan="3">果果准备自己开始在中国较大型的门户网站和讯网上建立自己的网上空间。完成本任务主要有以下操作：
（1）果果要注册为和讯用户；
（2）开通和讯用户并完成功能的定制；
（3）管理并维护用户空间。</td></tr>
<tr><td rowspan="3">教学目标</td><td>方法能力</td><td>（1）能够有效地获取、利用和传递信息。
（2）能够在工作中寻求发现问题和解决问题的途径。
（3）能够独立学习，不断获取新的知识和技能。
（4）能够对所完成工作的质量进行自我控制及正确评价。</td><td rowspan="3">考核方式</td><td rowspan="3">过程考核与终结考核
过程考核：分组讨论（30%）
完成个人空间的申请及管理（30%）
终结考核：总结反思报告（40%）</td></tr>
<tr><td>社会能力</td><td>（1）在工作中能够良好沟通，掌握一定的交流技巧。
（2）公正坦诚、乐于助人，学会与人相处。
（3）做事认真、细致，有自制力和自控力。
（4）有较强的团队协作精神和环境意识。</td></tr>
<tr><td>专业能力</td><td>（1）注册为和讯用户。
（2）开通和讯用户并完成功能的定制。
（3）管理并维护用户空间。</td></tr>
<tr><td>教学环境</td><td colspan="4">为每位学生配备的计算机应具备如下的软硬件环境。
软件环境：Windows XP、网络浏览器。
硬件环境：投影屏幕、展示板。</td></tr>
</table>

教学单元设计实施方案架构

教学内容	教师行动	学生行动	组织方式	教学方法	资源与媒介	时间（分）
1．项目提出	教师解释具体工作任务	接受工作任务	集中	引导文法	投影屏幕，播放相关视频	10
	提问：你想和青苹果一样建立一个类似的网上家园吗	如实回答				
2．知识讲授与操作演示	教师讲解任务的具体步骤，使学生对具体任务有更清晰的认识	进一步了解任务的具体步骤	集中	讲授 参观 演示	Internet 网络 投影屏幕	10
	教师演示如何登录网站，并注册为和讯用户	精神集中，仔细观察教师的演示操作	集中	演示 讲授	投影屏幕 计算机	20
	教师演示如何开通和讯用户，并完成功能的定制	精神集中，仔细观察教师的演示操作	集中	演示 讲授	投影屏幕 计算机	5
	教师管理，并维护用户空间	精神集中，仔细观察教师的演示操作	集中	演示 讲授	投影屏幕 计算机	20
3．学生讨论	回答学生提问 指导学生实验	分小组完成	分组（两人一组，随机组合）	讲授 实验 演示	投影屏幕 计算机	35
4．完成工作任务	巡视检查、记录	完成实验报告	独立	自主学习	计算机	20
5．总结评价与提高	根据先期观察记录，挑选出具有代表性的几个小组的最终成品，随机抽取学生对其进行初步点评	倾听点评	分组、集中	自主学习	计算机和投影屏幕	40
	对任务完成情况进行总结	倾听总结，对自己的整个工作任务的完成过程进行反思，并书写总结报告	集中	讲授、归纳总结法	计算机和投影屏幕	

教学单元设计实施方案细则

1．项目提出（10 分钟）
教师提出具体的工作任务——果果是立利职业学校的一名学生，她和网上一个博客“青苹果家园”的主人青苹果是同学。果果来到了青苹果的“家”，她逛得非常自在，在“青苹果家园”里面留言、听歌、看日志、评论，她羡慕极了。她想：“什么时候我也能有个自己的“家”，记录自己的成长、体会快乐、展示个性呢？”于是果果就准备自己开始在中国较大型的门户网站和讯网上建立自己的网上空间了。 使学生明确要完成个人网络空间的建立这样一个项目。 提问：学生是否想建立一个类似“青苹果家园”的网上家园呢？
2．知识讲授与操作演示（55 分钟）
教师讲解任务的具体步骤。 步骤 1：登录网站并注册为和讯用户。 启动浏览器，正确填写注册信息，申请和讯用户。 步骤 2：开通和讯用户并完成功能的定制。 用户注册成功后，进入个人邮箱，单击链接地址开通个人用户空间。 步骤 3：管理并维护用户空间。 可以对个人用户空间进行管理，设置个人资料、订阅、我的理财、声音，并进行爱好管理、博客管理、相册管理、网摘管理、音乐管理等。
3．学生讨论（35 分钟）
（1）学生随机每 4 人组成一个研究讨论小组，每组自行选出组长。 （2）学生以小组为单位展示自己小组的项目成果。 （3）教师在此过程中不讲授任何内容，完全由学生带着问题自己来完成讨论过程，教师只充当咨询师的角色，并认真检查记录学生讨论的情况，以便考核学生。
4．完成工作任务（20 分钟）
学生分组完成本项目的 3 个任务，利用小组讨论掌握的方法，每个学生各自完成项目，总结出实施项目的经验，并完成相应的实训报告。 注：教师要仔细观察学生的操作过程，看看是否有其他拓展方式。
5．总结评价与提高（40 分钟）
总结评价 （1）教师依据学生讨论及完成工作过程中的行动记录，挑选出具有代表性的几个小组的工作成果，随机抽取几个学生对其进行点评，说出优点与不足之处。 教师总结：个人网络空间的建立只是一种新的网络交流方式，要想把自己的个人空间打理好、装饰好、建设好，需要持之以恒的精神，同时也需要同学们更好地充实自己，写好文章，做好网络空间的页面处理及网络沟通交流等，这些还需要同学们的日积月累。 （2）教师总结与学生总结相结合，讨论问题所在。 （3）学生对自己完成的工作进行总结与反思，主要写出自己在小组讨论与完成工作项目的过程中的收获，并提交书面总结报告。 提高 随着网络技术的不断发展，网络硬盘已经成为一种新的网络存储方式，如“我的地盘我作主”、“给你的文件找个家吧”等。请同学们思考如何在网上申请一个网络硬盘，并很好地使用、管理它。

反侵权盗版声明